사고력도 탄탄! 창의력도 탄탄!
수학 일등의 지름길 「기탄사고력수학」

👑 단계별·능력별 프로그램식 학습지입니다

유아부터 초등학교 6학년까지 각 단계별로 4~6권씩 총 52권으로 구성되었으며, 처음 시작할 때 나이와 학년에 관계없이 능력별 수준에 맞추어 학습하는 프로그램식 학습지입니다.

👑 사고력·창의력을 키워 주는 수학 학습지입니다

다양한 사고 단계를 거쳐 문제 해결력을 높여 주며, 개념과 원리를 이해하도록 하여 수학적 사고력을 키워 줍니다. 또 수학적 사고를 바탕으로 스스로 생각하고 깨닫는 창의력을 키워 줍니다.

👑 유아 과정은 물론 초등학교 수학의 전 영역을 골고루 학습합니다

운필력, 공간 지각력, 수 개념 등 유아 과정부터 시작하여, 초등학교 과정인 수와 연산, 도형 등 수학의 전 영역을 골고루 다루어, 자녀들의 수학적 사고의 폭을 넓히는 데 큰 도움을 줍니다.

👑 학습 지도 가이드와 다양한 학습 성취도 평가 자료를 수록했습니다

매주, 매달, 매 단계마다 학습 목표에 따른 지도 내용과 지도 요점, 완벽한 해설을 제공하여 학부모님께서 쉽게 지도하실 수 있습니다. 창의력 문제와 수학 경시 대회 예상 문제를 단계별로 수록, 수학 실력을 완성시켜 줍니다.

👑 과학적 학습 분량으로 공부하는 습관이 몸에 배입니다

하루 10~20분 정도의 과학적 학습량으로 공부에 싫증을 느끼지 않게 하고, 학습에 자신감을 가지도록 하였습니다. 매일 일정 시간 꾸준하게 공부하도록 하면, 시키지 않아도 공부하는 습관이 몸에 배게 됩니다.

「기탄사고력수학」은
체계적이고 장기적인 프로그램으로
꾸준히 학습하면 반드시 성적으로 보답합니다

✿ 스몰 스텝(Small Step)방식으로 꾸준히 학습하면 성적이 올라갑니다

「기탄사고력수학」은 단순히 문제만 나열한 문제집이 아닙니다. 체계적이고 장기적인 학습프로그램을 통해 수학적 사고력과 창의력을 완성시켜 주는 스몰 스텝(Small Step)방식으로 꾸준히 학습하면 반드시 성적이 올라갑니다.

✿ 하루 3장, 10~20분씩 규칙적으로 학습하게 하세요

매일 일정 시간에 일정한 학습량을 꾸준히 재미있게 해야만 학습효과를 높일 수 있습니다. 주별로 분철하기 쉽게 제본되어 있으니, 교재를 구입하시면 먼저 분철하여 일주일 학습 분량만 자녀들에게 나누어 주세요. 그래야만 아이들이 학습 성취감과 자신감을 가질 수 있습니다.

✿ 자녀들의 수준에 알맞은 교재를 선택하세요

〈기탄사고력수학〉은 유아에서 초등학교 6학년까지, 나이와 학년에 관계없이 학습 난이도별로 자신의 능력에 맞는 단계를 선택하여 시작하는 능력별 교재입니다. 그러나 자녀의 수준보다 1~2단계 낮춘 교재부터 시작하면 학습에 더욱 자신감을 갖게 되어 효과적입니다.

교재 구분	교재 구성	대 상
A단계 교재	1, 2, 3, 4집	4세 ~ 5세 아동
B단계 교재	1, 2, 3, 4집	5세 ~ 6세 아동
C단계 교재	1, 2, 3, 4집	6세 ~ 7세 아동
D단계 교재	1, 2, 3, 4집	7세 ~ 초등학교 1학년
E단계 교재	1, 2, 3, 4, 5, 6집	초등학교 1학년
F단계 교재	1, 2, 3, 4, 5, 6집	초등학교 2학년
G단계 교재	1, 2, 3, 4, 5, 6집	초등학교 3학년
H단계 교재	1, 2, 3, 4, 5, 6집	초등학교 4학년
I단계 교재	1, 2, 3, 4, 5, 6집	초등학교 5학년
J단계 교재	1, 2, 3, 4, 5, 6집	초등학교 6학년

「기탄사고력수학」으로 수학 성적 올리는 일등비법을 공개합니다

※ 문제를 먼저 풀어 주지 마세요

기탄사고력수학은 직관(전체 감지)을 논리(이론과 구체 연결)로 발전시켜 답을 구하도록 구성되었습니다. 쉽게 문제를 풀지 못하더라도 노력하는 과정에서 더 많은 것을 얻을 수 있으니, 약간의 힌트 외에는 자녀가 스스로 끝까지 문제를 풀어 나갈 수 있도록 격려해 주세요.

※ 교재는 이렇게 활용하세요

먼저 자녀들의 능력에 맞는 교재를 선택하세요. 그리고 일주일 분량씩 분철하여 매일 3장씩 풀 수 있도록 해 주세요. 한꺼번에 많은 양의 교재를 주시면 어린이가 부담을 느껴서 학습을 미루거나 포기하기 쉽습니다. 적당한 양을 매일매일 학습하도록 하여 수학 공부하는 재미를 느낄 수 있도록 해 주세요.

※ 교재 학습 과정을 꼭 지켜 주세요

한 주 학습이 끝날 때마다 창의력 문제와 경시 대회 예상 문제를 꼭 풀고 넘어가도록 해 주시고, 한 권(한 달 과정)이 끝나면 성취도 테스트와 종료 테스트를 통해 스스로 실력을 가늠해 볼 수 있도록 도와 주세요. 문제를 다 풀면 반드시 해답지를 이용하여 정확하게 채점해 주시고, 틀린 문제를 체크해 놓았다가 다음에는 확실히 풀 수 있도록 지도해 주세요.

※ 자녀의 학습 관리를 게을리 하지 마세요

수학적 사고는 하루 아침에 생겨나는 것이 아닙니다. 날마다 꾸준히 규칙적으로 학습해 나갈 때에만 비로소 수학적 사고의 기틀이 마련되는 것입니다. 교육은 사랑입니다. 자녀가 학습한 부분을 어머니께서 꼭 확인하시면서 사랑으로 돌봐 주세요. 부모님의 관심 속에서 자란 아이들만이 성적 향상은 물론 이 사회에서 꼭 필요한 인격체로 성장해 나갈 수 있다는 것도 잊지 마세요.

기탄교력수학 교재별 학습 내용

A
단계 교재

A - ❶ 교재
나와 가족에 대하여 알기
바른 행동 알기
다양한 선 그리기
다양한 사물 색칠하기
○△□ 알기
똑같은 것 찾기
빠진 것 찾기
종류가 같은 것과 다른 것 찾기
관찰력, 논리력, 사고력 키우기

A - ❷ 교재
필요한 물건 찾기
관계 있는 것 찾기
다양한 기준에 따라 분류하기
(종류, 용도, 모양, 색깔, 재질, 계절, 성질 등)
두 가지 기준에 따라 분류하기
다섯까지 세기
변별력 키우기
미로 통과하기

A - ❸ 교재
다양한 기준으로 비교하기
(길이, 높이, 양, 무게, 크기, 두께, 넓이, 속도, 깊이 등)
시간의 순서 비교하기
반대 개념 알기
3까지의 숫자 배우기
그림 퍼즐 맞추기
미로 통과하기

A - ❹ 교재
최상급 개념 알기
다양한 기준으로 순서 짓기 (크기, 시간, 길이, 두께 등)
네 가지 이상 비교하기
이중 서열 알기
ABAB, ABCABC의 규칙성 알기
다양한 규칙 이해하기
부분과 전체 알기
5까지의 숫자 배우기
일대일 대응, 일대다 대응 알기
미로 통과하기

B
단계 교재

B - ❶ 교재
열까지 세기
9까지의 숫자 배우기
사물의 기본 모양 알기
모양 구성하기
모양 나누기와 합치기
같은 모양, 짝이 되는 모양 찾기
위치 개념 알기 (위, 아래, 앞, 뒤)
위치 파악하기

B - ❷ 교재
9까지의 수량, 수 단어, 숫자 연결하기
구체물을 이용한 수 익히기
반구체물을 이용한 수 익히기
위치 개념 알기 (안, 밖, 왼쪽, 가운데, 오른쪽)
다양한 위치 개념 알기
시간 개념 알기 (낮, 밤)
구체물을 이용한 수와 양의 개념 알기
(같다, 많다, 적다)

B - ❸ 교재
순서대로 숫자 쓰기
거꾸로 숫자 쓰기
1 큰 수와 2 큰 수 알기
1 작은 수와 2 작은 수 알기
반구체물을 이용한 수와 양의 개념 알기
보존 개념 익히기
여러 가지 단위 배우기

B - ❹ 교재
순서수 알기
사물의 입체 모양 알기
입체 모양 나누기
두 수의 크기 비교하기
여러 수의 크기 비교하기
0의 개념 알기
0부터 9까지의 수 익히기

C 단계 교재

C - ❶ 교재	C - ❷ 교재
구체물을 통한 수 가르기 반구체물을 통한 수 가르기 숫자를 도입한 수 가르기 구체물을 통한 수 모으기 반구체물을 통한 수 모으기 숫자를 도입한 수 모으기	수 가르기와 모으기 여러 가지 방법으로 수 가르기 수 모으고 다시 수 가르기 수 가르고 다시 수 모으기 더해 보기 세로로 더해 보기 빼 보기 세로로 빼 보기 더해 보기와 빼 보기 바꾸어서 셈하기

C - ❸ 교재	C - ❹ 교재
길이 측정하기　높이 측정하기 넓이 측정하기　크기 측정하기 둘레 측정하기　무게 측정하기 부피 측정하기　들이 측정하기 활동 시간 알아보기　시간의 순서 알아보기 여러 가지 측정하기	열 개 열 개 만들어 보기 열 개 묶어 보기 자리 알아보기 수 '10' 알아보기 10의 크기 알아보기 더하여 10이 되는 수 알아보기 열다섯까지 세어 보기 스물까지 세어 보기

D 단계 교재

D - ❶ 교재	D - ❷ 교재
수 11~20 알기 11~20까지의 수 알기 30까지의 수 알아보기 자릿값을 이용하여 30까지의 수 나타내기 40까지의 수 알아보기 자릿값을 이용하여 40까지의 수 나타내기 자릿값을 이용하여 50까지의 수 나타내기 50까지의 수 알아보기	상자 모양, 공 모양, 둥근기둥 모양 알아보기 공간 위치 알아보기 입체도형으로 모양 만들기 여러 방향에서 본 모습 관찰하기 평면도형 알아보기 선대칭 모양 알아보기 모양 만들기와 탱그램

D - ❸ 교재	D - ❹ 교재
덧셈 이해하기 10이 되는 더하기 여러 가지로 더해 보기 덧셈 익히기 뺄셈 이해하기 10에서 빼기 여러 가지로 빼 보기 뺄셈 익히기	조사하여 기록하기 그래프의 이해 그래프의 활용 분수의 이해 시간 느끼기 사건의 순서 알기 소요 시간 알아보기 달력 보기 시계 보기 활동한 시간 알기

E 단계 교재

E - ❶ 교재	E - ❷ 교재	E - ❸ 교재
사물의 개수를 세어 보고 1, 2, 3, 4, 5 알아보기 0의 개념과 0~5까지의 수의 순서 알기 하나 더 많다, 적다의 개념 알기 두 수의 크기 비교하기 사물의 개수를 세어 보고 6, 7, 8, 9 알아보기 0~9까지의 수의 순서 알기 하나 더 많다, 적다의 개념 알기 두 수의 크기 비교하기 여러 가지 모양 알아보기, 찾아보기, 만들어 보기 규칙 찾기	두 수로 가르기 두 수를 모으기 가르기와 모으기 덧셈식 알아보기 뺄셈식 알아보기 길이 비교해 보기 높이 비교해 보기 들이 비교해 보기 무게 비교해 보기 넓이 비교해 보기	수 10(십) 알아보기 19까지의 수 알아보기 몇십과 몇십 몇 알아보기 물건의 수 세기 50까지 수의 순서 알아보기 두 수의 크기 비교하기 분류하기 분류하여 세어 보기
E - ❹ 교재	**E - ❺ 교재**	**E - ❻ 교재**
수 60, 70, 80, 90 99까지의 수 수의 순서 두 수의 크기 비교 여러 가지 모양 알아보기, 찾아보기 여러 가지 모양 만들기, 그리기 규칙 찾기 10을 두 수로 가르기 10이 되도록 두 수를 모으기	10이 되는 더하기 10에서 빼기 세 수의 덧셈과 뺄셈 (몇십)+(몇), (몇십 몇)+(몇), (몇십 몇)+(몇십 몇) (몇십 몇)−(몇), (몇십 몇)−(몇십 몇) 긴바늘, 짧은바늘 알아보기 몇 시 알아보기 몇 시 30분 알아보기	세 수의 덧셈 받아올림이 있는 (몇)+(몇) 받아내림이 있는 (십 몇)−(몇) 세 수의 계산 덧셈식, 뺄셈식 만들기 □가 있는 덧셈식, 뺄셈식 만들기 여러 가지 방법으로 해결하기

F 단계 교재

F - ❶ 교재	F - ❷ 교재	F - ❸ 교재
백(100)과 몇백(200, 300, ……)의 개념 이해 세 자리 수와 뛰어 세기의 이해 세 자리 수의 크기 비교 받아올림이 있는 (두 자리 수)+(한 자리 수)의 계산 받아내림이 있는 (두 자리 수)−(한 자리 수)의 계산 세 수의 덧셈과 뺄셈 선분과 직선의 차이 이해 사각형, 삼각형, 원 등의 여러 가지 모양 쌓기나무로 똑같이 쌓아 보고 여러 가지 모양 만들기 배열 순서에 따라 규칙 찾아내기	받아올림이 있는 (두 자리 수)+(두 자리 수)의 계산 받아내림이 있는 (두 자리 수)−(두 자리 수)의 계산 여러 가지 방법으로 계산하고 세 수의 혼합 계산 길이 비교와 단위길이의 비교 길이의 단위(cm) 알기 길이 재기와 길이 어림하기 어떤 수를 □로 나타내기 덧셈식·뺄셈식에서 □의 값 구하기 어떤 수를 구하는 식 만들기 식에 알맞은 문제 만들기	시각 읽기 시각과 시간의 차이 알기 하루의 시간 알기 달력을 보며 1년 알기 몇 시 몇 분 전 알기 반 시간 알기 묶어 세기 몇 배 알아보기 더하기를 곱하기로 나타내기 덧셈식과 곱셈식으로 나타내기
F - ❹ 교재	**F - ❺ 교재**	**F - ❻ 교재**
2~9의 단 곱셈구구 익히기 1의 단 곱셈구구와 0의 곱 곱셈표에서 규칙 찾기 받아올림이 없는 세 자리 수의 덧셈 받아내림이 없는 세 자리 수의 뺄셈 여러 가지 방법으로 계산하기 미터(m)와 센티미터(cm) 길이 재기 길이 어림하기 길이의 합과 차	받아올림이 있는 세 자리 수의 덧셈 받아내림이 있는 세 자리 수의 뺄셈 여러 가지 방법으로 덧셈·뺄셈하기 세 수의 혼합 계산 똑같이 나누기 전체와 부분의 크기 분수의 쓰기와 읽기 분수만큼 색칠하고 분수로 나타내기 표와 그래프로 나타내기 조사하여 표와 그래프로 나타내기	□가 있는 곱셈식을 만들어 문제 해결하기 규칙을 찾아 문제 해결하기 거꾸로 생각하여 문제 해결하기

G 단계 교재

G - ❶ 교재	G - ❷ 교재	G - ❸ 교재
1000의 개념 알기 몇천, 네 자리 수 알기 수의 자릿값 알기 뛰어 세기, 두 수의 크기 비교 세 자리 수의 덧셈 덧셈의 여러 가지 방법 세 자리 수의 뺄셈 뺄셈의 여러 가지 방법 각과 직각의 이해 직각삼각형, 직사각형, 정사각형의 이해	똑같이 묶어 덜어 내기와 똑같게 나누기 나눗셈의 몫 곱셈과 나눗셈의 관계 나눗셈의 몫을 구하는 방법 나눗셈의 세로 형식 곱셈을 활용하여 나눗셈의 몫 구하기 평면도형 밀기, 뒤집기, 돌리기 평면도형 뒤집고 돌리기 (몇십)×(몇)의 계산 (두 자리 수)×(한 자리 수)의 계산	분수만큼 알기와 분수로 나타내기 몇 개인지 알기 분수의 크기 비교 mm 단위를 알기와 mm 단위까지 길이 재기 km 단위를 알기 km, m, cm, mm의 단위가 있는 길이의 합과 차 구하기 시각과 시간의 개념 알기 1초의 개념 알기 시간의 합과 차 구하기

G - ❹ 교재	G - ❺ 교재	G - ❻ 교재
(네 자리 수)+(세 자리 수) (네 자리 수)+(네 자리 수) (네 자리 수)-(세 자리 수) (네 자리 수)-(네 자리 수) 세 수의 덧셈과 뺄셈 (세 자리 수)×(한 자리 수) (몇십)×(몇십) / (두 자리 수)×(몇십) (두 자리 수)×(두 자리 수) 원의 중심과 반지름 / 그리기 / 지름 / 성질	(몇십)÷(몇) 내림이 없는 (몇십 몇)÷(몇) 나눗셈의 몫과 나머지 나눗셈식의 검산 / (몇십 몇)÷(몇) 들이 / 들이의 단위 들이의 어림하기와 합과 차 무게 / 무게의 단위 무게의 어림하기와 합과 차 0.1 / 소수 알아보기 소수의 크기 비교하기	막대그래프 막대그래프 그리기 그림그래프 그림그래프 그리기 알맞은 그래프로 나타내기 규칙을 정해 무늬 꾸미기 규칙을 찾아 문제 해결 표를 만들어서 문제 해결 예상과 확인으로 문제 해결

H 단계 교재

H - ❶ 교재	H - ❷ 교재	H - ❸ 교재
만 / 다섯 자리 수 / 십만, 백만, 천만 억 / 조 / 큰 수 뛰어서 세기 두 수의 크기 비교 100, 1000, 10000, 몇백, 몇천의 곱 (세,네 자리 수)×(두 자리 수) 세 수의 곱셈 / 몇십으로 나누기 (두,세 자리 수)÷(두 자리 수) 각의 크기 / 각 그리기 / 각도의 합과 차 삼각형의 세 각의 크기의 합 사각형의 네 각의 크기의 합	이등변삼각형 / 이등변삼각형의 성질 정삼각형 / 예각과 둔각 예각삼각형 / 둔각삼각형 덧셈, 뺄셈 또는 곱셈, 나눗셈이 섞여 있는 혼합 계산 덧셈, 뺄셈, 곱셈, 나눗셈이 섞여 있는 혼합 계산 ( ), { }가 있는 혼합 계산 분수와 진분수 / 가분수와 대분수 대분수를 가분수로, 가분수를 대분수로 나타내기 분모가 같은 분수의 크기 비교	소수 소수 두 자리 수 소수 세 자리 수 소수 사이의 관계 소수의 크기 비교 규칙을 찾아 수로 나타내기 규칙을 찾아 글로 나타내기 새로운 무늬 만들기

H - ❹ 교재	H - ❺ 교재	H - ❻ 교재
분모가 같은 진분수의 덧셈 분모가 같은 대분수의 덧셈 분모가 같은 진분수의 뺄셈 분모가 같은 대분수의 뺄셈 분모가 같은 대분수와 진분수의 덧셈과 뺄셈 소수의 덧셈 / 소수의 뺄셈 수직과 수선 / 수선 긋기 평행선 / 평행선 긋기 평행선 사이의 거리	사다리꼴 / 평행사변형 / 마름모 직사각형과 정사각형의 성질 다각형과 정다각형 / 대각선 여러 가지 모양 만들기 여러 가지 모양으로 덮기 직사각형과 정사각형의 둘레 1cm² / 직사각형과 정사각형의 넓이 여러 가지 도형의 넓이 이상과 이하 / 초과와 미만 / 수의 범위 올림과 버림 / 반올림 / 어림의 활용	꺾은선그래프 꺾은선그래프 그리기 물결선을 사용한 꺾은선그래프 물결선을 사용한 꺾은선그래프 그리기 알맞은 그래프로 나타내기 꺾은선그래프의 활용 두 수 사이의 관계 두 수 사이의 관계를 식으로 나타내기 문제를 해결하고 풀이 과정을 설명하기

기탄사고력수학 교재별 학습 내용

단계 교재

I - ❶ 교재	I - ❷ 교재	I - ❸ 교재
약수 / 배수 / 배수와 약수의 관계	세 분수의 덧셈과 뺄셈	평행사변형의 넓이
공약수와 최대공약수	(진분수)×(자연수) / (대분수)×(자연수)	삼각형의 넓이
공배수와 최소공배수	(자연수)×(진분수) / (자연수)×(대분수)	사다리꼴의 넓이
크기가 같은 분수 알기	(단위분수)×(단위분수)	마름모의 넓이
크기가 같은 분수 만들기	(진분수)×(진분수) / (대분수)×(대분수)	넓이의 단위 m², a
분수의 약분 / 분수의 통분	세 분수의 곱셈 / 합동인 도형의 성질	넓이의 단위 ha, km²
분수의 크기 비교 / 진분수의 덧셈	합동인 삼각형 그리기	넓이의 단위 관계
대분수의 덧셈 / 진분수의 뺄셈	면, 모서리, 꼭짓점	무게의 단위
대분수의 뺄셈 / 세 분수의 덧셈과 뺄셈	직육면체와 정육면체	
	직육면체의 성질 / 겨냥도 / 전개도	

I - ❹ 교재	I - ❺ 교재	I - ❻ 교재
분수와 소수의 관계	(소수)×(자연수) / (자연수)×(소수)	두 수의 크기 비교
분수를 소수로, 소수를 분수로 나타내기	곱의 소수점의 위치	비율
분수와 소수의 크기 비교	(소수)×(소수)	백분율
1÷(자연수)를 곱셈으로 나타내기	소수의 곱셈	할푼리
(자연수)÷(자연수)를 곱셈으로 나타내기	(소수)÷(자연수)	실제로 해 보기와 표 만들기
(진분수)÷(자연수) / (가분수)÷(자연수)	(자연수)÷(자연수)	그림 그리기와 식 만들기
(대분수)÷(자연수)	줄기와 잎 그림	예상하고 확인하기와 표 만들기
분수와 자연수의 혼합 계산	그림그래프	실제로 해 보기와 규칙 찾기
선대칭도형/선대칭의 위치에 있는 도형	평균	
점대칭도형/점대칭의 위치에 있는 도형	자료를 그래프로 나타내고 설명하기	

단계 교재

J - ❶ 교재	J - ❷ 교재	J - ❸ 교재
(자연수)÷(단위분수)	쌓기나무의 개수	비례식
분모가 같은 진분수끼리의 나눗셈	쌓기나무의 각 자리, 각 층별로 나누어	비의 성질
분모가 다른 진분수끼리의 나눗셈	개수 구하기	가장 작은 자연수의 비로 나타내기
(자연수)÷(진분수) / 대분수의 나눗셈	규칙 찾기	비례식의 성질
분수의 나눗셈 활용하기	쌓기나무로 만든 것, 여러 가지 입체도형,	비례식의 활용
소수의 나눗셈 / (자연수)÷(소수)	여러 가지 생활 속 건축물의 위, 앞, 옆	연비
소수의 나눗셈에서 나머지	에서 본 모양	두 비의 관계를 연비로 나타내기
반올림한 몫	원주와 원주율 / 원의 넓이	연비의 성질
입체도형과 각기둥 / 각뿔	띠그래프 알기 / 띠그래프 그리기	비례배분
각기둥의 전개도 / 각뿔의 전개도	원그래프 알기 / 원그래프 그리기	연비로 비례배분

J - ❹ 교재	J - ❺ 교재	J - ❻ 교재
(소수)÷(분수) / (분수)÷(소수)	원기둥의 겉넓이	두 수 사이의 대응 관계 / 정비례
분수와 소수의 혼합 계산	원기둥의 부피	정비례를 활용하여 생활 문제 해결하기
원기둥 / 원기둥의 전개도	경우의 수	반비례
원뿔	순서가 있는 경우의 수	반비례를 활용하여 생활 문제 해결하기
회전체 / 회전체의 단면	여러 가지 경우의 수	그림을 그리거나 식을 세워 문제 해결하기
직육면체와 정육면체의 겉넓이	확률	거꾸로 생각하거나 식을 세워 문제 해결하기
부피의 비교 / 부피의 단위	미지수를 x로 나타내기	표를 작성하거나 예상과 확인을 통하여
직육면체와 정육면체의 부피	등식 알기 / 방정식 알기	문제 해결하기
부피의 큰 단위	등식의 성질을 이용하여 방정식 풀기	여러 가지 방법으로 문제 해결하기
부피와 들이 사이의 관계	방정식의 활용	새로운 문제를 만들어 풀어 보기

기탄 사고력수학

사고력도 탄탄! 창의력도 탄탄!

F6

🐥 F301a ~ F315b

 학습 관리표

학습 내용		이번 주는?
문제 푸는 방법 찾기	· □가 있는 곱셈식을 만들어 문제 해결하기 · 규칙을 찾아 문제 해결하기 · 거꾸로 생각하여 문제 해결하기 · 창의력 학습 · 경시 대회 예상 문제	• 학습 방법 : ① 매일매일 　② 가끔 　③ 한꺼번에 　　　　　　하였습니다. • 학습 태도 : ① 스스로 잘 　② 시켜서 억지로 　　　　　　하였습니다. • 학습 흥미 : ① 재미있게 　② 싫증내며 　　　　　　하였습니다. • 교재 내용 : ① 적합하다고 ② 어렵다고 ③ 쉽다고 　　　　　　하였습니다.

지도 교사가 부모님께	부모님이 지도 교사께

평가	Ⓐ 아주 잘함	Ⓑ 잘함	Ⓒ 보통	Ⓓ 부족함

원(교)　　　　　반　　이름　　　　　전화

기초부터 탄탄하게
Ｇ 기탄교육
www.gitan.co.kr / (02)586-1007(대)

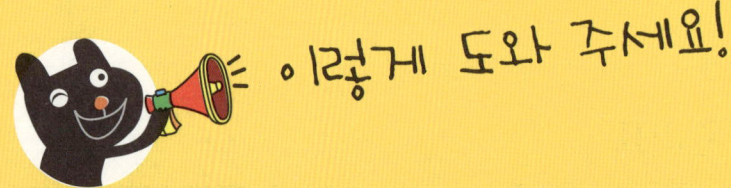

이렇게 도와 주세요!

● **학습 목표**
- 문장으로 된 문제를 □를 사용하여 곱셈식으로 나타낼 수 있고, □의 값을 구할 수 있다.
- 곱셈식에 알맞은 문제를 만들 수 있다.
- 규칙 찾기, 거꾸로 풀기 방법으로 문제를 해결할 수 있다.

● **지도 내용**
- 곱셈 상황의 문제를 보고 식을 만들어 보게 한다.
- 문장으로 된 문제를 해결하기 위하여 □를 사용한 곱셈식을 만들어 보게 한다.
- 배열과 관련된 문제 상황에서 규칙을 찾아서 문제를 해결해 보게 한다.
- 덧셈, 뺄셈과 관련된 문제 상황에서 거꾸로 생각하여 문제를 해결해 보게 한다.

● **지도 요점**
문제를 해결하는 방법에는 여러 가지가 있습니다. 문제 해결 방법을 지도할 때에는 어린이들이 수학을 통하여 배운 문제 해결에 관한 학습 경험을 바탕으로 생활 속에서 다양한 문제를 해결할 수 있도록 해야 합니다.
이번 주에는 문제 상황을 이해하고, 여러 가지 문제 해결 방법을 적용하여 문제를 해결해 나가는 방법을 배우게 됩니다. 문제 해결의 결과뿐만 아니라 과정도 매우 중요합니다. 문제 해결의 과정에서 활용할 수 있는 방법에는 식 만들기, 규칙 찾기, 거꾸로 풀기 등이 있음을 알도록 지도합니다.
그리고 좀 더 다양한 문제 상황을 접해 보게 하고, 어린이 스스로 여러 가지 해결 방법을 찾을 수 있도록 지도하는 것이 좋습니다.

🐸 정숙이는 친구 한 명에게 연필을 5자루씩 나누어 주려고 합니다. 연필 20자루를 몇 명의 친구에게 나누어 줄 수 있는지 알아보시오.(1~3)

1. 친구 한 명에게 나누어 주려고 하는 연필은 몇 자루입니까?

[답]

2. 문제를 식으로 나타내려고 합니다. 친구들의 수를 어떻게 나타내면 좋겠습니까?

[답]

3. ■를 사용하여 곱셈식으로 나타내어 보시오.

[식]　□ × ■ = □

사고력 학습 🚗

기호는 사과 30개를 상자 6개에 똑같이 나누어 넣으려고 합니다. 상자 한 개에 사과를 몇 개씩 넣으면 되는지 알아보시오.(4~6)

4. 사과를 몇 개의 상자에 똑같이 나누어 넣으려고 합니까?

[답]

5. 문제를 식으로 나타내려고 합니다. 상자 한 개에 넣을 사과의 수를 어떻게 나타내면 좋겠습니까?

[답]

6. ■를 사용하여 곱셈식으로 나타내어 보시오.

[식] ■ × ☐ = ☐

✿ 이름 :

✿ 날짜 :

✿ 시간 :　　시　　분 ~　　시　　분

확인

🐸 □를 사용하여 곱셈식으로 나타내어 보시오.(1~4)

1. 민우는 친구 한 명에게 사탕을 4개씩 나누어 주려고 합니다. 사탕 12개를 몇 명의 친구에게 나누어 줄 수 있습니까?

[식]

2. 잠자리 한 마리의 다리는 6개입니다. 잠자리의 다리를 세어 보니 모두 54개였습니다. 잠자리는 몇 마리 있습니까?

[식]

3. 성희는 우유를 하루에 몇 컵씩 7일 동안 마셨더니 모두 14컵을 마셨습니다. 하루에 몇 컵씩 마셨습니까?

[식]

4. 강당에 여럿이 앉을 수 있는 긴 의자가 5개 있습니다. 모두 15명이 앉는다면 긴 의자 한 개에는 몇 명씩 앉아야 합니까?

[식]

사고력 학습

👻 다음은 주어진 곱셈식에 알맞은 문제를 만든 것입니다. ☐ 안에 알맞은 수를 써넣으시오.(5~6)

5. $8 \times \boxed{} = 16$

참외를 ☐ 개씩 몇 개의 봉지에 넣었더니 참외가 모두 ☐ 개였습니다. 참외를 담은 봉지는 몇 개입니까?

6. $\boxed{} \times 8 = 72$

승합차 ☐ 대에 ☐ 명이 똑같이 나누어 탔습니다. 승합차 한 대에는 몇 명이 탔습니까?

7. 곱셈식을 보고 문제를 완성하여 보시오.

$7 \times \boxed{} = 28$

영환이네 반은 한 조에 7명씩 조를 나누어 달리기 시합을 했습니다.

_____

_____

★이름 :
★날짜 :
★시간 : 시 분 ~ 시 분

확인

🐸 원숭이 한 마리에게 바나나를 4개씩 나누어 주었습니다. 나누어 준 바나나가 모두 20개라면 원숭이 몇 마리에게 나누어 주었는지 알아보시오.(1~4)

1. 원숭이의 수를 ◯로 하여 곱셈식으로 나타내어 보시오.

[식]

2. 바나나 20개를 4개씩 묶어 보고, ☐ 안에 알맞은 수를 써넣으시오.

바나나 20개를 4개씩 묶으면 ☐ 묶음이 됩니다.

3. 곱셈식에서 ◯의 값을 구하시오.

[답]

4. 바나나를 원숭이 몇 마리에게 나누어 주었습니까?

[답]

□를 사용하여 곱셈식을 만들고 답을 구하시오.(5~7)

5. 보라와 친구들이 사탕을 9개씩 먹으려고 합니다. 사탕이 모두 36개 있다면 몇 명이 먹을 수 있습니까?

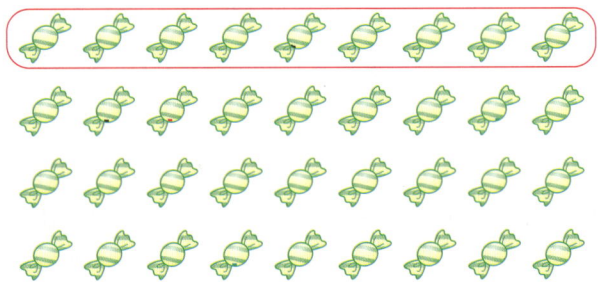

[식]   [답]

6. 색종이 8장으로 꽃 한 개를 만들 수 있습니다. 색종이 56장으로는 꽃 몇 개를 만들 수 있습니까?

[식]   [답]

7. 놀이터에 세발자전거가 있습니다. 자전거의 바퀴를 세어 보니 모두 24개였습니다. 세발자전거는 몇 대 있습니까?

[식]   [답]

* 이름 :
* 날짜 :
* 시간 : 시 분 ~ 시 분

확인

🐸 성호는 야구공 18개를 상자 3개에 똑같이 나누어 넣으려고 합니다. 상자 한 개에 야구공을 몇 개씩 넣으면 되는지 알아보시오.(1~4)

1. 상자 한 개에 넣을 야구공의 수를 ○로 하여 곱셈식으로 나타내어 보시오.

[식]

2. 야구공 18개를 3묶음이 되도록 똑같이 묶어 보고, □ 안에 알맞은 수를 써넣으시오.

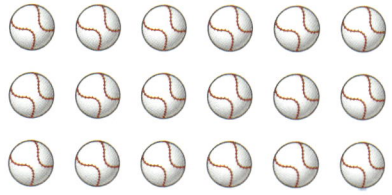

야구공 18개를 3묶음이 되도록 똑같이 묶으려면 □개씩 묶으면 됩니다.

3. 곱셈식에서 ○의 값을 구하시오.

[답]

4. 상자 한 개에 야구공을 몇 개씩 넣으면 됩니까?

[답]

사고력 학습

□를 사용하여 곱셈식을 만들고 답을 구하시오.(5~7)

5. 7봉지에 구슬 35개를 똑같이 나누어 담으려고 합니다. 한 봉지에 몇 개씩 담으면 됩니까?

[식] _____   [답] _____

6. 똑같은 단추가 5개 있습니다. 단추 구멍이 모두 10개라면 단추 한 개 에는 구멍이 몇 개씩 있습니까?

[식] _____   [답] _____

7. 피자 4판을 주문하였습니다. 피자가 같은 크기로 32조각이었다면 피 자 한 판은 몇 조각입니까?

[식] _____   [답] _____

★ 이름 :

★ 날짜 :

★ 시간 :　시　분~　시　분

확인

🐸 □를 사용하여 곱셈식을 만들고 답을 구하시오.(1~8)

1. 농구는 한 팀이 5명입니다. 농구 대회에 참가한 선수는 모두 45명입니다. 몇 팀이 참가하였습니까?

[식]　　　　　　　　　　　　　　　　　　　[답]

2. 껌이 한 통에 6개씩 들어 있습니다. 껌을 세어 보니 모두 42개였습니다. 껌은 몇 통 있습니까?

[식]　　　　　　　　　　　　　　　　　　　[답]

3. 정민이는 63쪽짜리 위인전을 매일 같은 쪽수만큼 읽어서 9일 만에 모두 읽었습니다. 정민이는 하루에 위인전을 몇 쪽씩 읽었습니까?

[식]　　　　　　　　　　　　　　　　　　　[답]

4. 유미는 장미 16송이를 꽃병 8개에 똑같이 나누어 꽂으려고 합니다. 꽃병 한 개에 몇 송이씩 꽂으면 됩니까?

[식]　　　　　　　　　　　　　　　　　　　[답]

5. 한 칸에 책을 9권씩 꽂을 수 있는 책꽂이가 있습니다. 책을 27권 꽂으려면 책꽂이 몇 칸이 필요합니까?

[식] _____ [답] _____

6. 길이가 48 cm인 색 테이프를 똑같은 길이로 잘라 리본을 만들려고 합니다. 리본을 6개 만들려면 색 테이프를 몇 cm씩 잘라야 합니까?

[식] _____ [답] _____

7. 식탁 한 개에 4명씩 앉을 수 있습니다. 16명이 앉으려면 식탁은 몇 개 필요합니까?

[식] _____ [답] _____

8. 접시 7개에 참외를 똑같이 놓았습니다. 접시에 놓인 참외가 모두 21개라면 한 접시에 몇 개씩 놓았습니까?

[식] _____ [답] _____

● 이름 :

● 날짜 :

● 시간 : 시 분~ 시 분

확인

🐸 다음 그림과 같이 일정한 규칙에 따라 색종이를 늘어놓았습니다. 열째 번에 놓인 색종이는 무슨 색깔인지 알아보시오.(1~4)

1. 첫째 번에 놓인 색종이는 무슨 색깔입니까?

[답]

2. 둘째 번에 놓인 색종이는 무슨 색깔입니까?

[답]

3. 어떤 규칙으로 색종이의 색깔이 변하고 있는지 이야기해 보시오.

[답] 초록색, 빨간색, ☐ 의 3가지 색종이가 되풀이됩니다.

4. 열째 번에 놓인 색종이는 무슨 색깔입니까?

[답]

사고력 학습 🚗

5. 규칙을 찾아 열째 번의 나비는 어떤 색깔인지 알아보시오.

[답]

6. 규칙을 찾아 아홉째 번의 모양을 완성하시오.

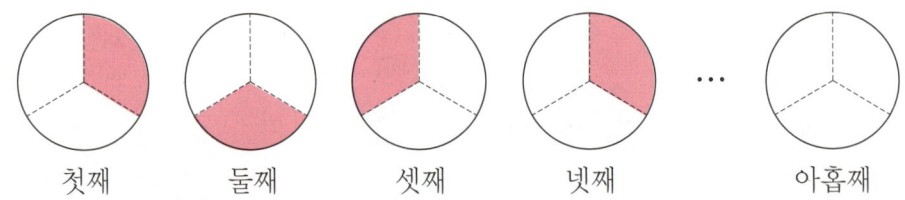

첫째   둘째   셋째   넷째   …   아홉째

7. 지도의 방위표를 보고, 다음과 같은 규칙으로 바둑돌을 놓았습니다. 11째 번에는 어느 쪽에 바둑돌을 놓아야 하는지 알아보시오.

첫째   둘째   셋째   넷째   다섯째

[답]

★ 이름 :

★ 날짜 :

★ 시간 :　　시　　분 ~　　시　　분

확인

🐸 다음과 같이 바둑돌을 놓으면 여섯째 번에는 몇 개의 바둑돌을 놓아야 하는지 알아보시오.(1~4)

첫째	●
둘째	● ● ●
셋째	● ● ● ● ●
넷째	● ● ● ● ● ● ●

1. 첫째 번에 놓인 바둑돌은 몇 개입니까?

[답]

2. 둘째 번에 놓인 바둑돌은 몇 개입니까?

[답]

3. 어떤 규칙으로 바둑돌이 놓여 있는지 이야기해 보시오.

[답] 바둑돌이 1개, 3개, 5개, 7개로 ☐ 개씩 늘어나는 규칙입니다.

4. 여섯째 번에는 바둑돌을 몇 개 놓아야 합니까?

[답]

사고력 학습

5. 규칙을 찾아 다섯째 번에 놓일 바둑돌은 몇 개인지 구하시오.

첫째   둘째   셋째   넷째   …

[답]

6. 규칙을 찾아 넷째 번에 놓일 바둑돌은 몇 개인지 구하시오.

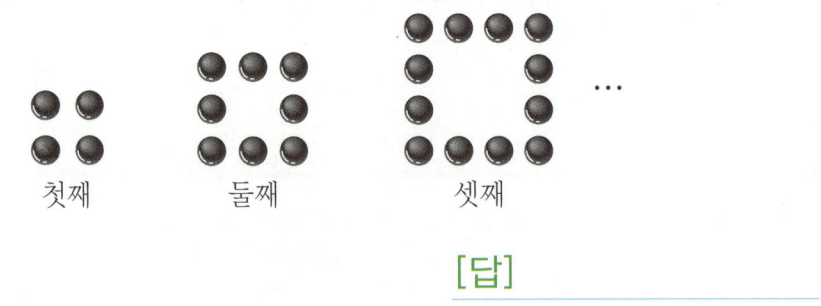

첫째   둘째   셋째   …

[답]

7. 규칙을 찾아 여섯째 번에 놓일 바둑돌은 몇 개인지 구하시오.

첫째   둘째   셋째   넷째   …

[답]

★ 이름 :

★ 날짜 :

★ 시간 :　　시　　분 ~ 　　시　　분

확인

🐸 달력의 일부분이 찢어져 보이지 않습니다. 셋째 주 일요일은 며칠인지 알아보시오.(1~4)

[1월]

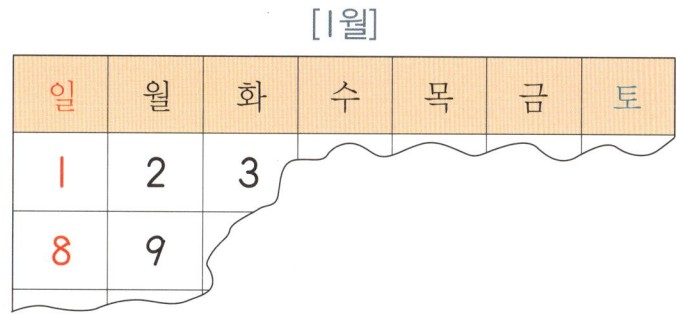

일	월	화	수	목	금	토
1	2	3				
8	9					

1. 첫째 주 일요일은 며칠입니까?

[답]

2. 둘째 주 일요일은 며칠입니까?

[답]

3. 어떤 규칙이 있는지 이야기해 보시오.

[답] [　] 일마다 같은 요일이 되풀이됩니다.

4. 셋째 주 일요일은 며칠입니까?

[답]

👻 달력의 일부분이 찢어져 있습니다. 달력의 규칙을 찾아 문제를 해결하여 보시오.(5~7)

5.

[3월]

일	월	화	수	목	금	토
			1	2	3	
5	6	7				

3월 달력에서 셋째 주 목요일은 며칠입니까?

[답]

6.

[6월]

일	월	화	수	목	금	토
	1	2	3	4		
7	8	9	10	11		

6월 달력에서 넷째 주 화요일은 며칠입니까?

[답]

7.

[10월]

일	월	화	수	목	금	토
		1	2	3	4	
6	7	8	9			

10월 달력에서 셋째 주 토요일은 며칠입니까?

[답]

🔴 이름 :

🔴 날짜 :

🔴 시간 :   시   분 ~   시   분

확인

1. 규칙을 찾아 11째 번에 켜지는 전구는 무슨 색깔인지 알아보시오.

[답]

2. 규칙을 찾아 아홉째 번의 모양을 완성하시오.

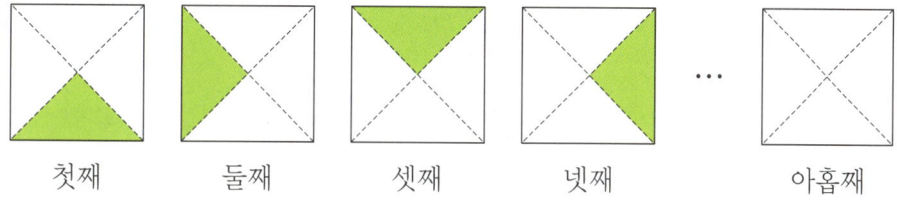

첫째   둘째   셋째   넷째   아홉째

3. 강당에 있는 의자 뒷면에는 좌석 번호가 붙어 있습니다. 현주의 자리
는 라 열 다섯째 자리입니다. 현주의 좌석 번호는 몇 번입니까?

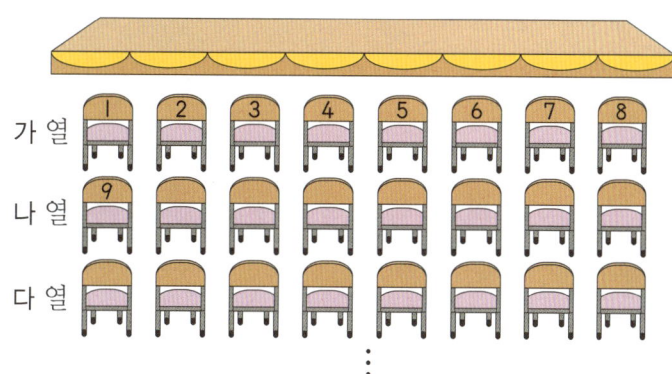

가 열

나 열

다 열

[답]

4. 규칙을 찾아 여섯째 번에 놓일 바둑돌은 몇 개인지 구하시오.

첫째	●
둘째	● ●
셋째	● ● ● ●
넷째	● ● ● ● ● ● ●

[답]

5. 규칙을 찾아 다섯째 번에 놓일 바둑돌은 몇 개인지 구하시오.

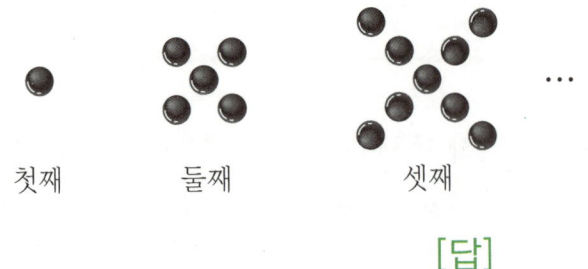

첫째   둘째   셋째   ...

[답]

6.

| [7월] |
일	월	화	수	목	금	토
1	2				6	7
						14

7월 달력에서 셋째 주 수요일은 며칠입니까?

[답]

🌸 이름 :

🌸 날짜 :

🌸 시간 : 시 분 ~ 시 분

확인

🐸 준우는 누나에게 사탕을 5개 받고 동생에게 3개를 주었더니 9개가 남았습니다. 준우가 처음에 가지고 있던 사탕은 몇 개인지 알아보시오.(1~4)

1. 마지막에 남은 사탕은 ☐ 개입니다.

2. 동생에게 주기 전에 가지고 있던 사탕은 ☐ +3= ☐ (개)입니다.

3. 누나에게 받기 전에 가지고 있던 사탕은 ☐ −5= ☐ (개)입니다.

4. 준우가 처음에 가지고 있던 사탕은 몇 개인지 거꾸로 생각하여 알아 보시오.

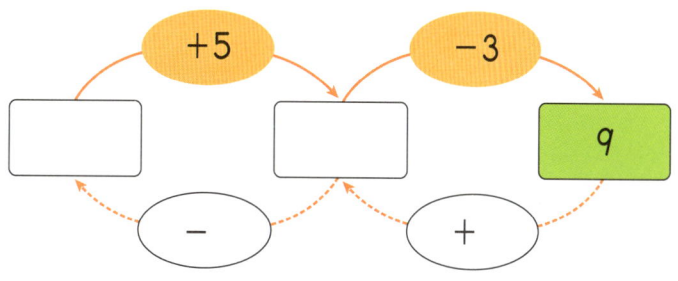

준우가 처음에 가지고 있던 사탕은 ☐ 개입니다.

다음 빈 곳에 알맞은 수를 써넣으시오.(5~8)

5.

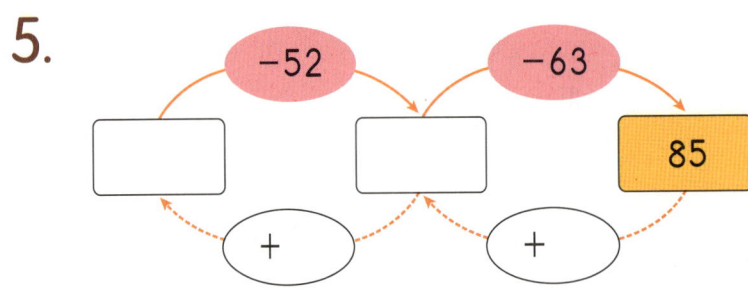

6.

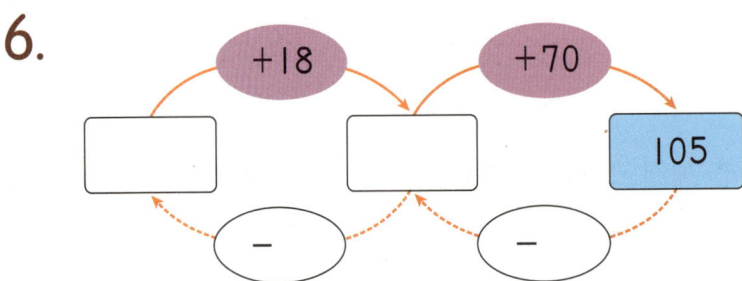

7.

8.

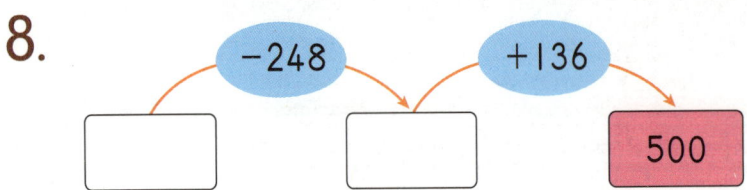

★ 이름 :

★ 날짜 :

★ 시간 :   시   분~   시   분

확인

1. 미진이는 가지고 있는 용돈으로 400원짜리 연필 한 자루를 사고, 250원짜리 지우개 한 개를 샀더니 250원이 남았습니다. 미진이가 처음에 가지고 있던 용돈은 얼마인지 빈칸에 알맞은 수를 써넣어 알아보시오.

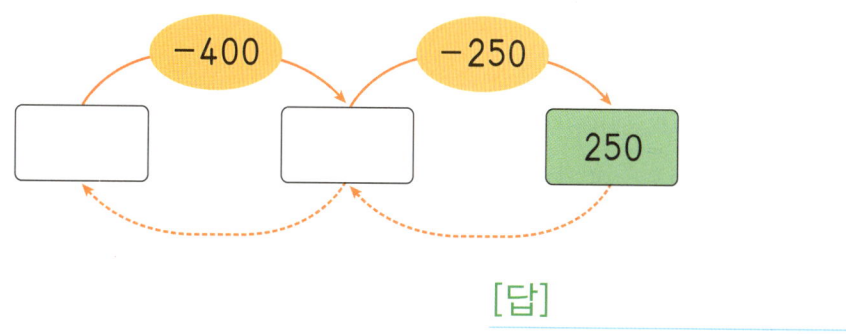

[답]

2. 놀이터에서 어린이들이 놀고 있었습니다. 잠시 후 5명이 더 와서 함께 놀다가 6명이 집으로 돌아가고 7명이 남았습니다. 처음에 놀이터에 있던 어린이들은 몇 명입니까?

[답]

3. 승주는 연필 5자루를 동생에게 주고 8자루를 새로 샀더니 24자루가 되었습니다. 승주가 처음에 가지고 있던 연필은 몇 자루입니까?

[답]

4. 버스에 승객이 타고 있습니다. 다음 정류장에서 14명이 타고 8명이 내렸더니 23명이 남았습니다. 처음 버스에 타고 있던 승객은 몇 명입니까?

[답]

5. 동현이는 생일날 누나에게 300원, 형에게 400원을 받았더니 800원이 되었습니다. 동현이가 처음에 가지고 있던 돈은 얼마입니까?

[답]

6. 상미는 자리를 오른쪽으로 3칸, 앞으로 2칸 옮겨서 아래와 같은 자리에 앉게 되었습니다. 옮기기 전에 상미의 자리는 어디였는지 ★표 하시오.

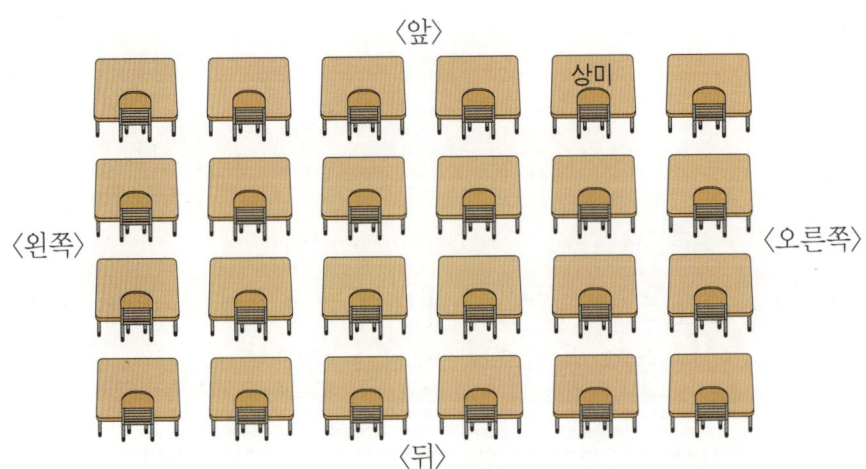

F-312a

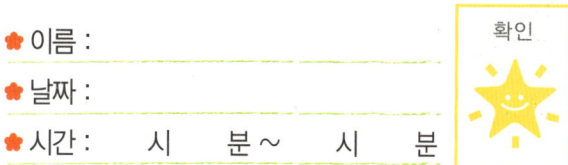

★ 이름 :

★ 날짜 :

★ 시간 : 시 분 ~ 시 분

확인

1. □를 사용하여 곱셈식을 만들고 답을 구하시오.

(1) 핸드볼은 한 팀이 7명입니다. 핸드볼 대회에 참가한 선수는 모두 49명입니다. 몇 팀이 참가했습니까?

[식]   [납]

(2) 클립 9개를 한 줄로 늘어놓았더니 36 cm가 되었습니다. 클립 한 개의 길이는 몇 cm입니까?

[식]   [답]

2. 곱셈식 $3 \times \square = 12$ 에 알맞은 문제를 만드시오.

_____

_____

3. 규칙을 찾아 13째 번의 색연필은 어떤 색깔인지 쓰시오.

[답]

문제 해결력 학습

4. 규칙을 찾아 넷째 번에 놓일 바둑돌은 몇 개인지 구하시오.

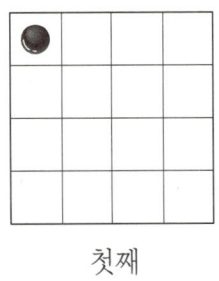 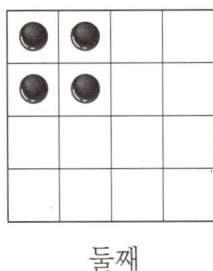 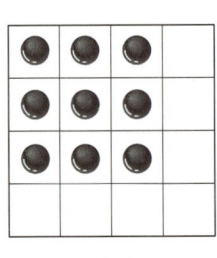 ...

첫째   둘째   셋째

[답]

5.

[4월]

일	월	화	수	목	금
4	5	6	7		

4월 달력에서 둘째 주 목요일은 8일 입니다. 넷째 주 토요일은 며칠입니 까?

[답]

6. 지은이가 가지고 있던 구슬 중에서 동생에게 9개를 주고 언니에게서 18개를 받고 나니 구슬이 모두 50개가 되었습니다. 지은이가 처음에 가지고 있던 구슬은 몇 개입니까?

[답]

이름 :

날짜 :

시간 : 시 분 ~ 시 분

확인

 ## 창의력 학습

고고학자인 최현욱 박사는 오래 전에 인도에서 한 부족이 각 지역의 가축 수를 기록한 판을 발견했습니다. 그리고는 열심히 연구하여 그 판을 해독해 냈습니다.

각 지역의 가축 수

마을 \ 동물	소	돼 지	닭
가 마을	◇◇ ▽▽ △ ◇ (321마리)	▽ △ ▽ △ △ (23마리)	(111마리)
나 마을	◇ ▽ ▽ (120마리)	× △ ▽ (62마리)	(343마리)
다 마을	◇ ▽ △ ◇ ▽ ▽ (231마리)	(44마리)	◇ × △ ◇ ▽ △ ▽ (272마리)

1. 각 기호가 뜻하는 수는 무엇인지 빈칸에 알맞게 써넣으시오.

◇	▽	△	×

2. 표의 빈칸에 알맞은 기호를 그려 넣으시오.

창의력 학습

그림과 같이 구슬이 들어 있는 상자가 4개 있습니다. 이 상자들은 기영, 진아, 혜주, 영환 4사람의 것입니다. 어느 상자가 누구의 것인지 찾아보시오.

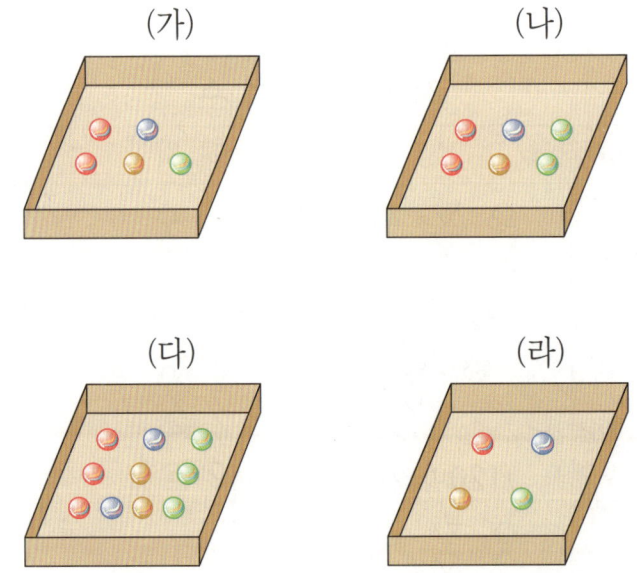

(가)   (나)

(다)   (라)

① 진아와 혜주의 구슬을 합하면 영환이의 구슬 수와 같습니다.

② 기영이가 가진 구슬 수는 영환이가 가진 구슬 수의 반입니다.

③ 혜주는 진아보다 구슬을 2개 더 많이 가지고 있습니다.

★ 이름 :

★ 날짜 :

★ 시간 :　시　분 ～　시　분

확인

✚ 경시 대회 예상 문제

1. 리본 한 개를 만드는 데 **8** cm의 끈이 필요합니다. 길이가 **50** cm인 끈으로 몇 개의 리본을 만들었더니 **26** cm가 남았습니다. 리본을 몇 개 만들었습니까?

[답]

2. 보라는 **100**쪽짜리 동화책을 매일 같은 쪽수만큼 **8**일 동안 읽었더니 **44**쪽이 남았습니다. 보라는 하루에 동화책을 몇 쪽씩 읽었습니까?

[답]

3. 사물함 번호표가 일부만 남아 있습니다. 성현이의 사물함은 셋째 줄 넷째 칸입니다. 성현이의 사물함은 몇 번입니까?

	첫째 칸	둘째 칸	셋째 칸	넷째 칸	다섯째 칸	여섯째 칸	일곱째 칸	여덟째 칸
첫째 줄	1	2	3	4	5	6	7	
둘째 줄	9	10						
셋째 줄								
넷째 줄								

[답]

4. 규칙을 찾아 여섯째 번에 놓일 바둑돌은 몇 개인지 구하시오.

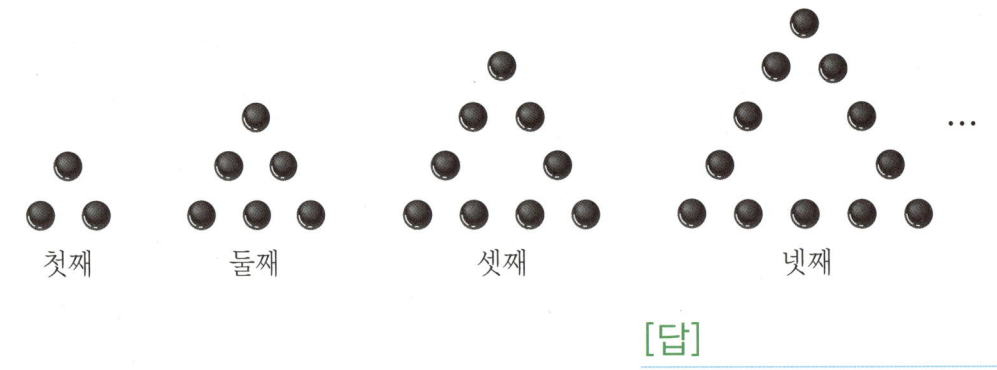

첫째   둘째   셋째   넷째

[답] _____

5. 규칙을 찾아 삼각형 9개를 만드는 데 필요한 성냥개비는 모두 몇 개인지 구하시오.

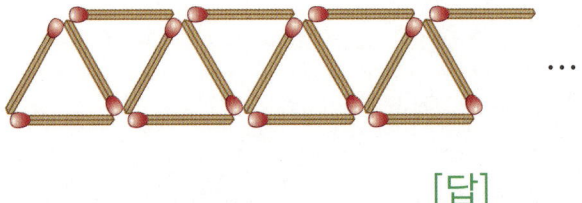

[답] _____

6. 규칙을 찾아 아홉째 번의 모양을 완성하시오.

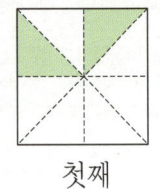 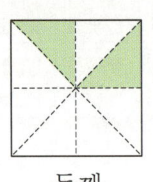 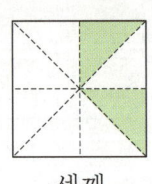 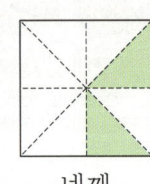 ...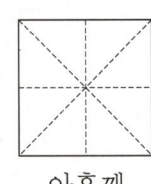

첫째   둘째   셋째   넷째   아홉째

7. ★이 나타내는 수는 얼마입니까?

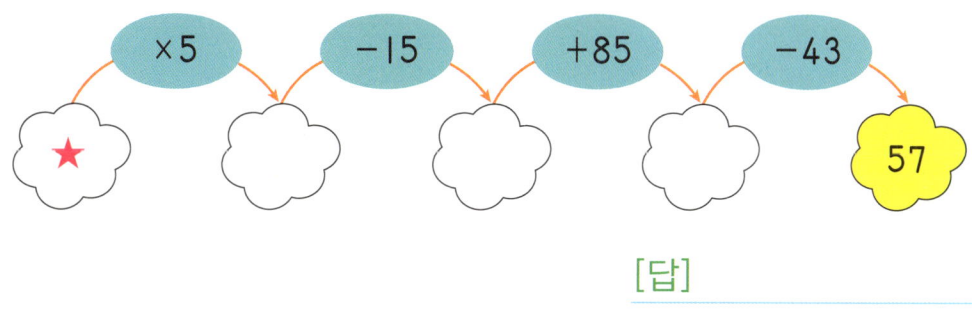

[답]

8. 은숙이는 가지고 있던 색종이를 동생과 똑같이 나누어 가진 후 문구점에 가서 20장을 새로 샀더니 색종이가 35장이 되었습니다. 은숙이가 처음에 가지고 있던 색종이는 몇 장입니까?

[답]

9.

달력의 일부분이 찢어져 있습니다. 11월 달력에서 셋째 주 목요일은 15일입니다. 첫째 주 토요일은 며칠입니까?

[답]

10. 색이 칠해져 있는 숫자들의 규칙을 찾아 알맞은 곳에 색칠하시오.

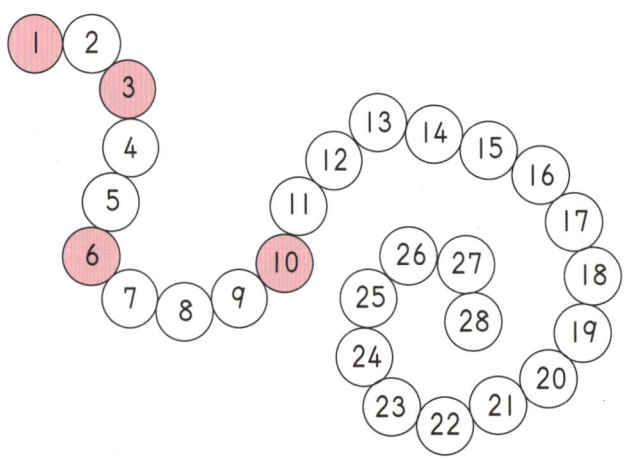

11. 그림과 같이 빈칸에 1부터 차례로 수를 넣으려고 합니다. 색칠된 칸에 넣어야 하는 수를 구하시오.

[답]

사고력도 탄탄! 창의력도 탄탄!

기탄 **사고력수학**

F6

F316a ~ F330b

학습 관리표

학습 내용		이번 주는?
확인 학습	· 곱셈구구 · 덧셈과 뺄셈 (1) · 길이 재기 · 덧셈과 뺄셈 (2) · 창의력 학습 · 경시 대회 예상 문제	• 학습 방법 : ① 매일매일　② 가끔　③ 한꺼번에 　하였습니다. • 학습 태도 : ① 스스로 잘　② 시켜서 억지로 　하였습니다. • 학습 흥미 : ① 재미있게　② 싫증내며 　하였습니다. • 교재 내용 : ① 적합하다고 ② 어렵다고 ③ 쉽다고 　하였습니다.

지도 교사가 부모님께	부모님이 지도 교사께

평가	Ⓐ 아주 잘함	Ⓑ 잘함	Ⓒ 보통	Ⓓ 부족함

원(교)　　　반　이름　　　　전화

기초부터 탄탄하게 **기탄교육**

www.gitan.co.kr / (02)586-1007(대)

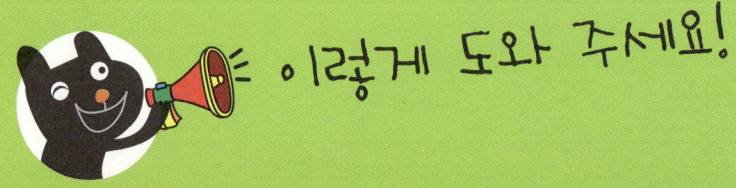

이렇게 도와 주세요!

● **학습 목표**
– 곱셈구구의 구성 원리를 이해하여 문제를 해결할 수 있다.
– 받아올림이 없거나 있는 세 자리 수의 덧셈과 받아내림이 없거나 있는 세 자리 수
  의 뺄셈을 할 수 있다.
– 여러 가지 물건의 길이를 어림 측정해서 나타낼 수 있고, 길이의 덧셈과 뺄셈을 할
  수 있다.

● **지도 내용**
– 곱셈구구의 구성 원리를 찾아 곱셈구구표를 만들고, 곱셈표에서 규칙을 찾아보게
  한다.
– 곱셈을 활용하는 여러 가지 문제를 해결해 보게 한다.
– 세 자리 수의 덧셈과 뺄셈을 해 보게 한다.
– '약'을 사용하여 길이를 나타낼 수 있게 하고, '몇 m 몇 cm'로 나타낸 두 길이의
  합과 차를 구하는 원리를 알고 구하게 한다.

● **지도 요점**
앞에서 학습한 곱셈구구, 세 자리 수의 덧셈과 뺄셈 (1)·(2), 길이 재기를 확인 학습하
는 주입니다.
여러 유형의 문제를 접해 보게 함으로써 아이가 학습한 지식을 잘 응용할 수 있도록
지도해 주십시오.

🐸 다음 그림을 보고 ☐ 안에 알맞은 수를 써넣으시오.(1~4)

1.

$$3 \times \boxed{} = \boxed{}$$

2.

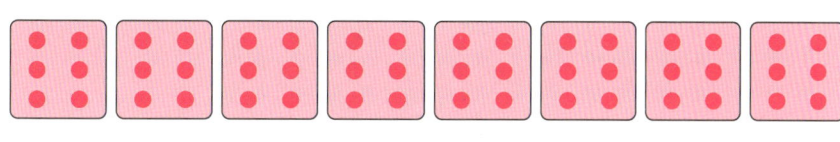

$$6 \times \boxed{} = \boxed{}$$

3.

$$2 \times \boxed{} = \boxed{}$$

4.

$$8 \times \boxed{} = \boxed{}$$

확인 학습

👻 다음 ☐ 안에 알맞은 수를 써넣으시오.(5∼16)

5. $5 \times 7 = $ ☐

6. $3 \times 8 = $ ☐

7. $7 \times 4 = $ ☐

8. $6 \times 2 = $ ☐

9. $9 \times$ ☐ $= 27$

10. $4 \times$ ☐ $= 20$

11. $1 \times$ ☐ $= 6$

12. $8 \times$ ☐ $= 32$

13. ☐ $\times 9 = 18$

14. ☐ $\times 7 = 63$

15. ☐ $\times 7 = 0$

16. ☐ $\times 6 = 42$

확인 학습

★ 이름 :

★ 날짜 :

★ 시간 : 시 분 ~ 시 분

확인

🐸 다음 빈 곳에 알맞은 수를 써넣으시오.(1~4)

1.

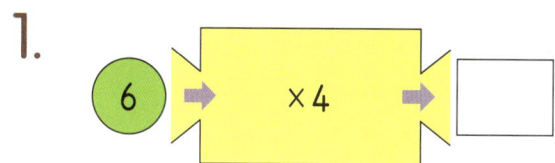

2.

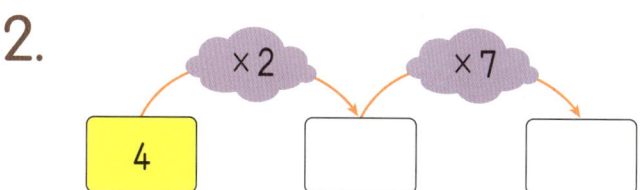

3.

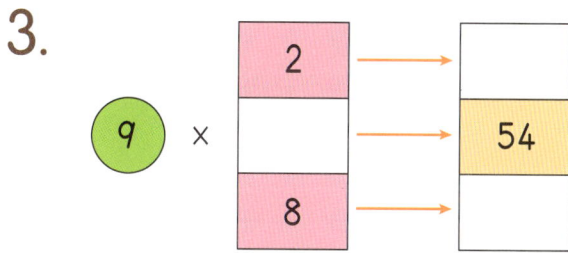

4.

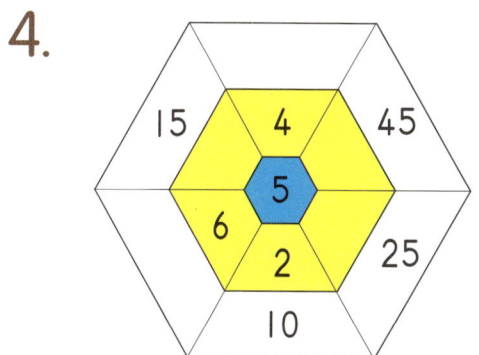

👻 곱셈표의 일부분입니다. 다음 물음에 답하시오.(5~7)

×	4	5	6	7	8	9
4	16	20	24	28	32	36
5	20	25	30	35	40	45
6	24	30	36	42	48	54
7	28	35	42	49	56	63
8	32	40	★	56	64	72
9	36	45	54	63	72	81

5. 파란색 선으로 둘러싸여 있는 수들에는 어떤 규칙이 있습니까?

[답]

6. 곱이 7씩 커지는 곳을 모두 찾아 색칠하시오.

7. ★에 들어갈 알맞은 수를 구하는 곱셈식을 2가지 쓰시오.

[답]

8. 그림을 보고 □ 안에 알맞은 수를 써넣으시오.

7 × □ = □

□ × 7 = □

✿ 이름 :

✿ 날짜 :

✿ 시간 :　　　시　　　분 ~　　　시　　　분

확인

1. ○ 안에 >, =, <를 알맞게 써넣으시오.

(1) 4 × 6 ◯ 8 × 3

(2) 5 × 8 ◯ 9 × 4

(3) 2 × 8 ◯ 7 × 3

(4) 6 × 6 ◯ 4 × 9

2. ☐ 안에 알맞은 수를 써넣으시오.

(1) 2 × 4 = (2 × 3) + ☐

(2) 6 × 5 = (6 × ☐) + 6

(3) 4 × 7 = (☐ × 6) + 4

(4) 3 × ☐ = (3 × 8) + 3

3. ●은 모두 몇 개인지 3가지 방법으로 알아보시오.

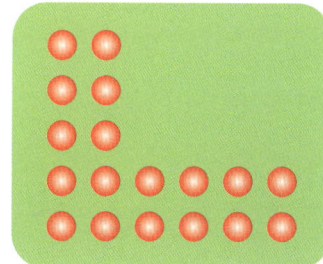

(2 × ☐) + (6 × ☐) = ☐

(2 × ☐) + (4 × ☐) = ☐

(6 × ☐) − (4 × ☐) = ☐

확인 학습

F-318b

4. 잠자리의 날개는 4장입니다. 잠자리 3마리의 날개는 모두 몇 장입니까?

[식]   [답]

5. 놀이 기구 한 대에는 7명씩 탈 수 있습니다. 8대에는 모두 몇 명이 탈 수 있습니까?

[식]   [답]

6. 성냥개비 3개로 삼각형 한 개를 만들었습니다. 삼각형 7개를 만들려면 성냥개비가 모두 몇 개 필요합니까?

[식]   [답]

7. 어항이 5개 있습니다. 어항마다 금붕어가 8마리씩 들어 있습니다. 금붕어는 모두 몇 마리입니까?

[식]   [답]

 확인 학습

F-319a

★ 이름 :

★ 날짜 :

★ 시간 :　　시　　분 ~ 　　시　　분

확인

🐸 다음 계산을 하시오.(1~8)

1.
```
  5 0 0
+ 1 0 0
```

2.
```
  8 0 0
- 5 0 0
```

3.
```
  6 0 0
+ 2 5 0
```

4.
```
  5 9 0
- 2 7 0
```

5.
```
  4 6 2
+ 3 0 4
```

6.
```
  7 6 5
- 1 0 4
```

7.
```
  3 5 2
+ 2 4 6
```

8.
```
  6 8 6
- 4 3 4
```

확인 학습

F-319b

다음 계산을 하시오.(9~18)

9. $300 + 400 =$

10. $500 - 200 =$

11. $230 + 120 =$

12. $850 - 730 =$

13. $273 + 223 =$

14. $596 - 104 =$

15. $614 + 331 =$

16. $679 - 441 =$

17. $425 + 402 =$

18. $999 - 342 =$

확인 학습

1. 320과 470의 합은 몇백쯤 되는지 알아보시오.

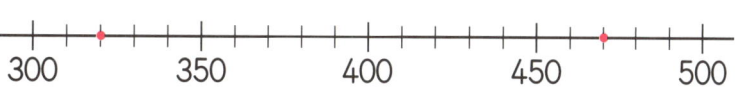

(1) 320은 300과 400 중에서 [　　] 에 기깝습니다.

(2) 470은 400과 500 중에서 [　　] 에 가깝습니다.

(3) 320과 470의 합은 [　　] 쯤 됩니다.

2. 380과 260의 차는 몇백쯤 되는지 알아보시오.

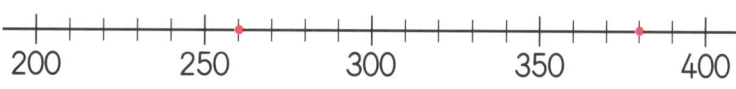

(1) 260은 200과 300 중에서 [　　] 에 가깝습니다.

(2) 380은 300과 400 중에서 [　　] 에 가깝습니다.

(3) 380과 260의 차는 [　　] 쯤 됩니다.

F-320b

3. 합과 차가 몇백쯤 되는지 알아보시오.

(1) 312+423

[답] _____

(2) 789-204

[답] _____

4. 254+324를 여러 가지 방법으로 계산하려고 합니다. □ 안에 알맞은 수를 써넣으시오.

(1) 254+324

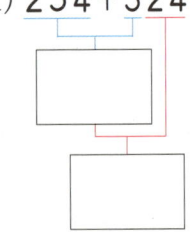

(2) 254+324

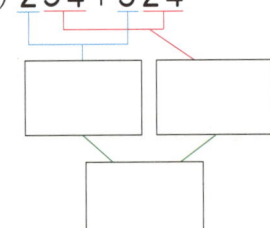

5. 865-534를 여러 가지 방법으로 계산하려고 합니다. □ 안에 알맞은 수를 써넣으시오.

(1) 865-534

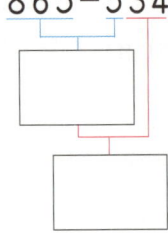

(2) 865-534

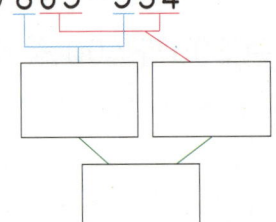

F-321a

★ 이름 :

★ 날짜 :

★ 시간 :   시   분 ~   시   분

확인

1. 빈칸에 알맞은 수를 써넣으시오.

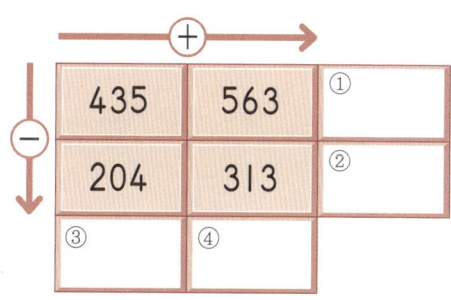

2. □ 안에 알맞은 수를 써넣으시오.

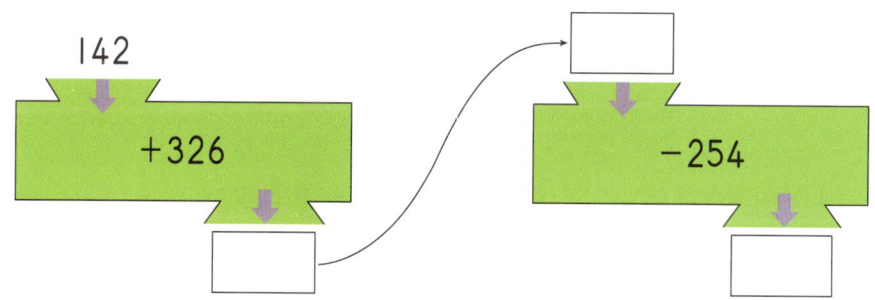

3. □ 안에 알맞은 숫자를 써넣으시오.

(1)
```
  5 □ 3
+ □ 7 □
─────
  6 7 5
```

(2)
```
  □ 5 □
- 2 □ 6
─────
  4 0 1
```

확인 학습

F-321b

4. 경복궁으로 견학 온 학생은 남학생이 140명, 여학생이 130명입니다. 경복궁으로 견학 온 학생은 모두 몇 명입니까?

[식]   [답]

5. 도토리를 현희는 250개, 경호는 270개 주웠습니다. 경호는 현희보다 도토리를 몇 개 더 많이 주웠습니까?

[식]   [답]

6. 민수네 학교의 운동회 날입니다. 청군은 216점을 얻었고, 백군은 청군보다 123점 더 많이 얻었습니다. 백군이 얻은 점수는 몇 점입니까?

[식]   [답]

7. 희경이는 258쪽 되는 동화책을 어제까지 216쪽을 읽었습니다. 동화책을 다 읽으려면 앞으로 몇 쪽을 더 읽어야 합니까?

[식]   [답]

 확인 학습

✿ 이름 :

✿ 날짜 :

✿ 시간 :　　시　　분 ~　　시　　분

확인

😀 다음 ☐ 안에 알맞은 수를 써넣으시오.(1~12)

1. 3 m = ☐ cm

2. 6 m = ☐ cm

3. 800 cm = ☐ m

4. 400 cm = ☐ m

5. 360 cm = ☐ m ☐ cm

6. 846 cm = ☐ m ☐ cm

7. 712 cm = ☐ m ☐ cm

8. 208 cm = ☐ m ☐ cm

9. 5 m 50 cm = ☐ cm

10. 6 m 23 cm = ☐ cm

11. 4 m 76 cm = ☐ cm

12. 9 m 5 cm = ☐ cm

확인 학습

F-322b

😀 다음 색 테이프의 길이를 알아보시오.(13~16)

13.

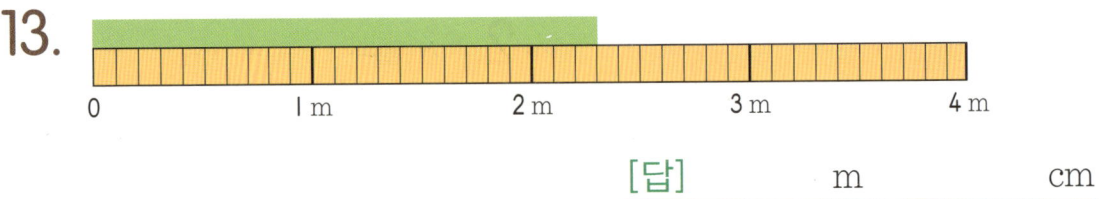

[답]　　　　m　　　　cm

14.

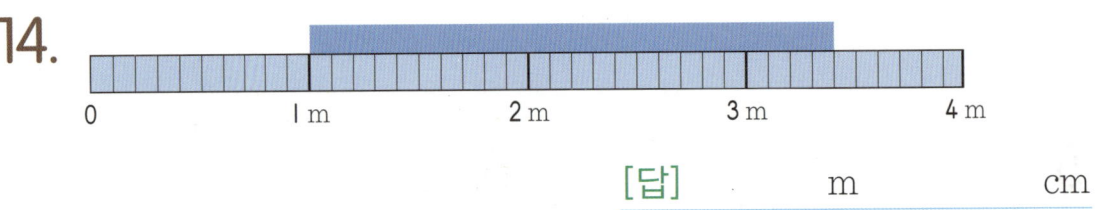

[답]　　　　m　　　　cm

15.

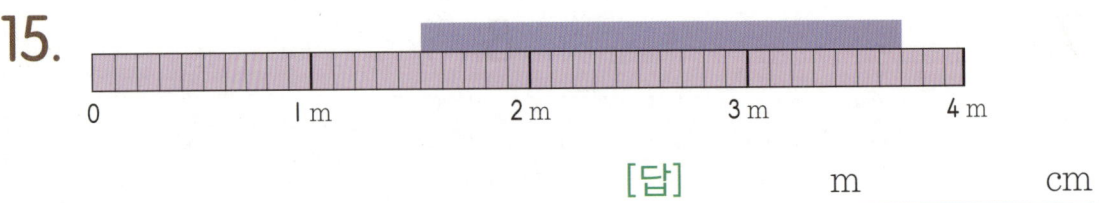

[답]　　　　m　　　　cm

16.

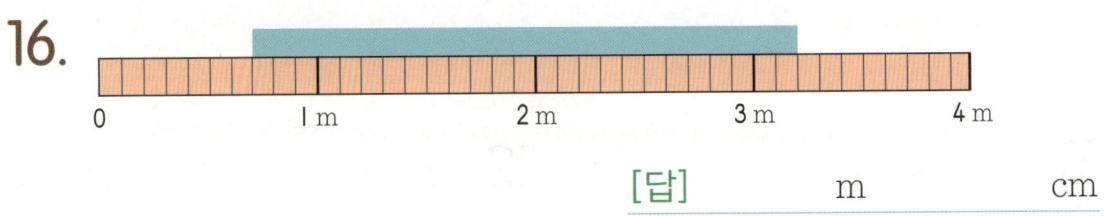

[답]　　　　m　　　　cm

🌟 이름 :

🌟 날짜 :

🌟 시간 :　　시　　분 ~　　시　　분

확인

🐸 다음 길이를 알아보시오. (1~3)

1.

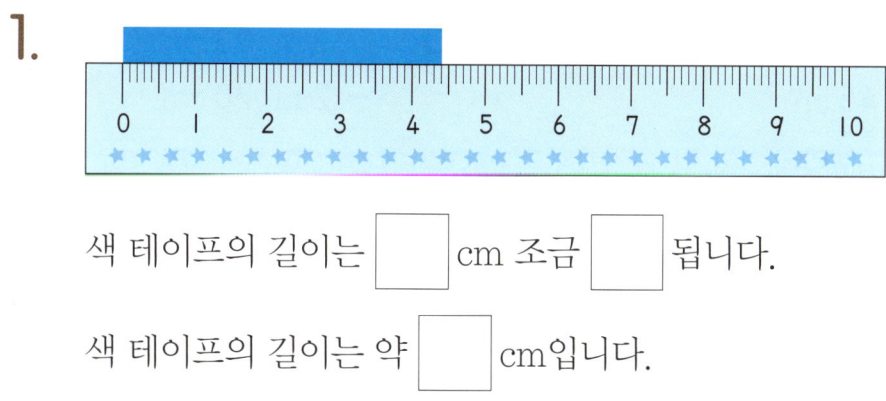

색 테이프의 길이는 ☐ cm 조금 ☐ 됩니다.

색 테이프의 길이는 약 ☐ cm입니다.

2.

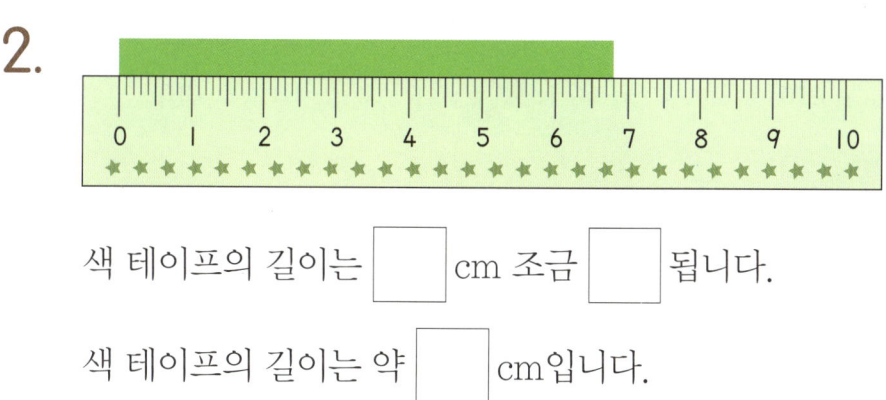

색 테이프의 길이는 ☐ cm 조금 ☐ 됩니다.

색 테이프의 길이는 약 ☐ cm입니다.

3.

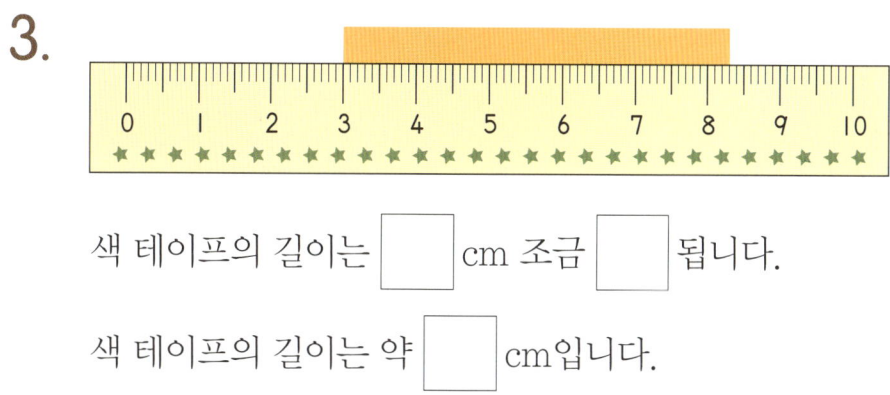

색 테이프의 길이는 ☐ cm 조금 ☐ 됩니다.

색 테이프의 길이는 약 ☐ cm입니다.

확인 학습

👻 다음 계산을 하시오.(4~11)

4.
```
    5 m  40 cm
  + 3 m  45 cm
  ―――――――――――
     m      cm
```

5.
```
    6 m  73 cm
  − 2 m  20 cm
  ―――――――――――
     m      cm
```

6.
```
    2 m  36 cm
  + 4 m   4 cm
  ―――――――――――
     m      cm
```

7.
```
    9 m  50 cm
  − 8 m   5 cm
  ―――――――――――
     m      cm
```

8. 3 m 7 cm+2 m 72 cm

= ☐ m ☐ cm

9. 4 m 46 cm−3 m 2 cm

= ☐ m ☐ cm

10. 7 m 55 cm+3 m 26 cm

= ☐ m ☐ cm

11. 8 m 87 cm−5 m 68 cm

= ☐ m ☐ cm

✿ 이름 :

✿ 날짜 :

✿ 시간 :   시   분 ~   시   분

확인

1. 색 테이프의 길이는 몇 m 몇 cm입니까?

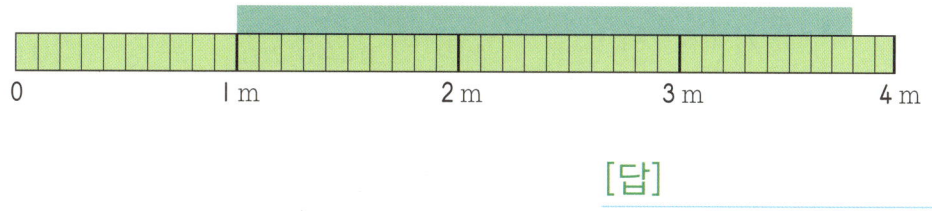

[답]

2. 연필의 길이를 재어 보고, 그 길이를 두 가지 방법으로 나타내시오.

[답]

3. 길이가 약 4 cm인 선분을 그려 보시오.

4. 공 던지기를 하였습니다. 민재가 던진 공이 ×표 한 곳에 떨어졌습니다. 민재가 던진 공은 약 몇 m 날아갔습니까?

[답]

확인 학습

5. 키가 작은 사람부터 차례로 이름을 쓰시오.

> 성빈 : 135 cm,   동민 : 1 m 40 cm,   수경 : 130 cm

[답] _____

6. 막대 한 개의 길이는 1 m입니다. 칠판의 가로 길이는 약 몇 m입니까?

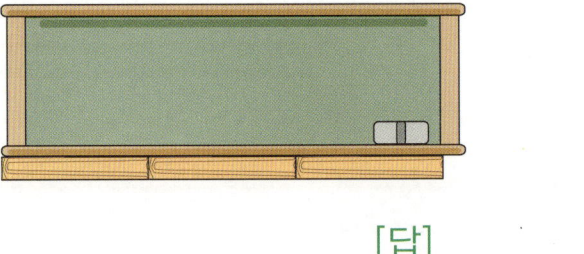

[답] _____

7. 길이가 1 m 18 cm인 파란색 테이프와 2 m 45 cm인 빨간색 테이프가 있습니다. 물음에 답하시오.

(1) 두 테이프의 길이의 합을 구하시오.

[답] _____

(2) 두 테이프의 길이의 차를 구하시오.

[답] _____

✿ 이름 :

✿ 날짜 :

✿ 시간 : 시   분 ~   시   분

확인

🐸 다음 계산을 하시오.(1~8)

1.
```
   4 7 9
 + 2 2 8
```

2.
```
   5 2 9
 - 2 5 8
```

3.
```
   1 8 5
 + 7 4 3
```

4.
```
   7 0 0
 - 3 6 8
```

5.
```
   3 0 7
 + 2 0 3
```

6.
```
   8 1 0
 - 6 0 6
```

7.
```
   1 3 6
 + 4 7 7
```

8.
```
   9 3 4
 - 2 7 6
```

확인 학습

👻 다음 계산을 하시오.(9~18)

9. 168+177=

10. 861-337=

11. 252+372=

12. 706-297=

13. 281+429=

14. 972-186=

15. 18+208+694=

16. 643-82-43=

17. 485+51-139=

18. 818-380+498=

확인 학습

★ 이름 :

★ 날짜 :

★ 시간 :　　시　　분 ~　　시　　분

확인

1. 188+743이 몇백 몇십쯤 되는지 알아보려고 합니다. ☐ 안에 알맞은 수를 써넣으시오.

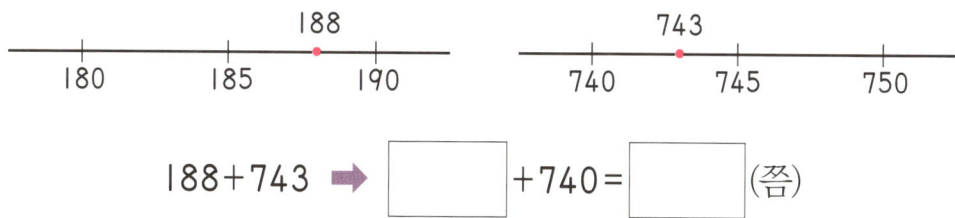

$$188+743 \Rightarrow \boxed{} + 740 = \boxed{} \text{(쯤)}$$

2. 537−219가 몇백 몇십쯤 되는지 알아보려고 합니다. ☐ 안에 알맞은 수를 써넣으시오.

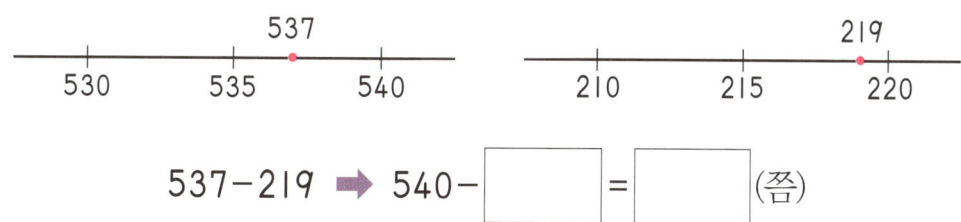

$$537-219 \Rightarrow 540 - \boxed{} = \boxed{} \text{(쯤)}$$

3. 가장 가까운 수를 찾아 선으로 이으시오.

19+402	•	•	420	•	•	452−54
159+232	•	•	410	•	•	603−184
		•	400	•		
		•	390	•		

확인 학습

4. 두 수의 합과 차를 각각 구하시오.

299, 417　　　　　　　[답] 합　　　　　　　, 차

5. 398+264를 여러 가지 방법으로 계산하여 보시오.

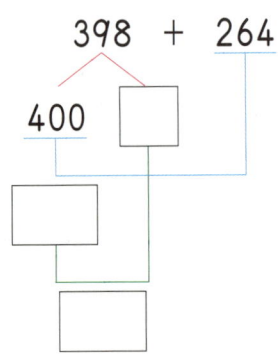　　　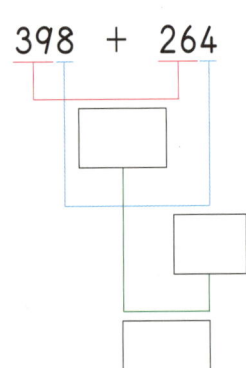

6. 772-495를 여러 가지 방법으로 계산하여 보시오.

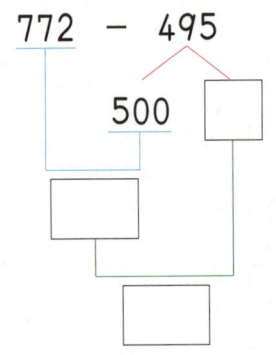　　　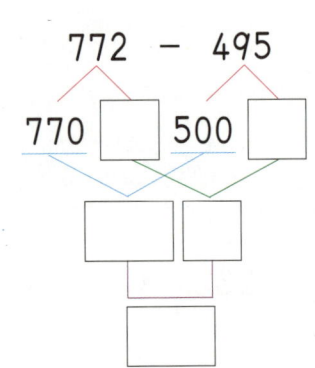

시간: 시 분 ~ 시 분

1. ○ 안에 >, =, <를 알맞게 써넣으시오.

(1) 258+196 ○ 813−359

(2) 183+98+238 ○ 880−44−350

2. □ 안에 알맞은 숫자를 써넣으시오.

(1)
```
    □ 5 5
  +   2 □ 5
  ─────────
      8 2 □
```

(2)
```
    □ 2 3
  −   2 □ 8
  ─────────
      5 7 □
```

3. □ 안에 알맞은 수를 써넣으시오.

(1) 36 →(+645)→ □ →(−85)→ □

(2) 654 →(−283)→ □ →(+164)→ □

확인 학습

4. 소희는 동화책 135쪽과 위인전 189쪽을 읽었습니다. 소희는 책을 모두 몇 쪽 읽었습니까?

[식]   [답]

5. 1년은 365일입니다. 오늘까지 256일이 지났다면, 며칠이 더 지나야 내년이 시작됩니까?

[식]   [답]

6. 파란 색종이 164장, 노란 색종이 116장이 있습니다. 그중에서 미술 시간에 90장을 사용하였습니다. 남은 색종이는 몇 장입니까?

[식]   [답]

7. 서울역을 출발한 기차에는 223명이 타고 있었습니다. 다음 역에서 66명이 내리고 43명이 탔다면, 기차에는 몇 명이 타고 있겠습니까?

[식]   [답]

● 이름 :

● 날짜 :

● 시간 :   시   분 ~   시   분

확인

 ## 창의력 학습

숫자 카드가 6장 있습니다. 3명의 어린이가 각각 2장씩 뽑았습니다.

12   17   15   13   16   14

(1) 두 수의 합이 모두 똑같았습니다. 어떻게 뽑았습니까?

(2) 두 수의 차가 모두 똑같았습니다. 어떻게 뽑았습니까?

F-328b

10개의 단추가 그림과 같이 가로로 5개, 세로로 6개 놓여 있습니다. 이 단추 중 1개만 움직여서 가로와 세로 양쪽 모두 6개가 되도록 해 보시오.

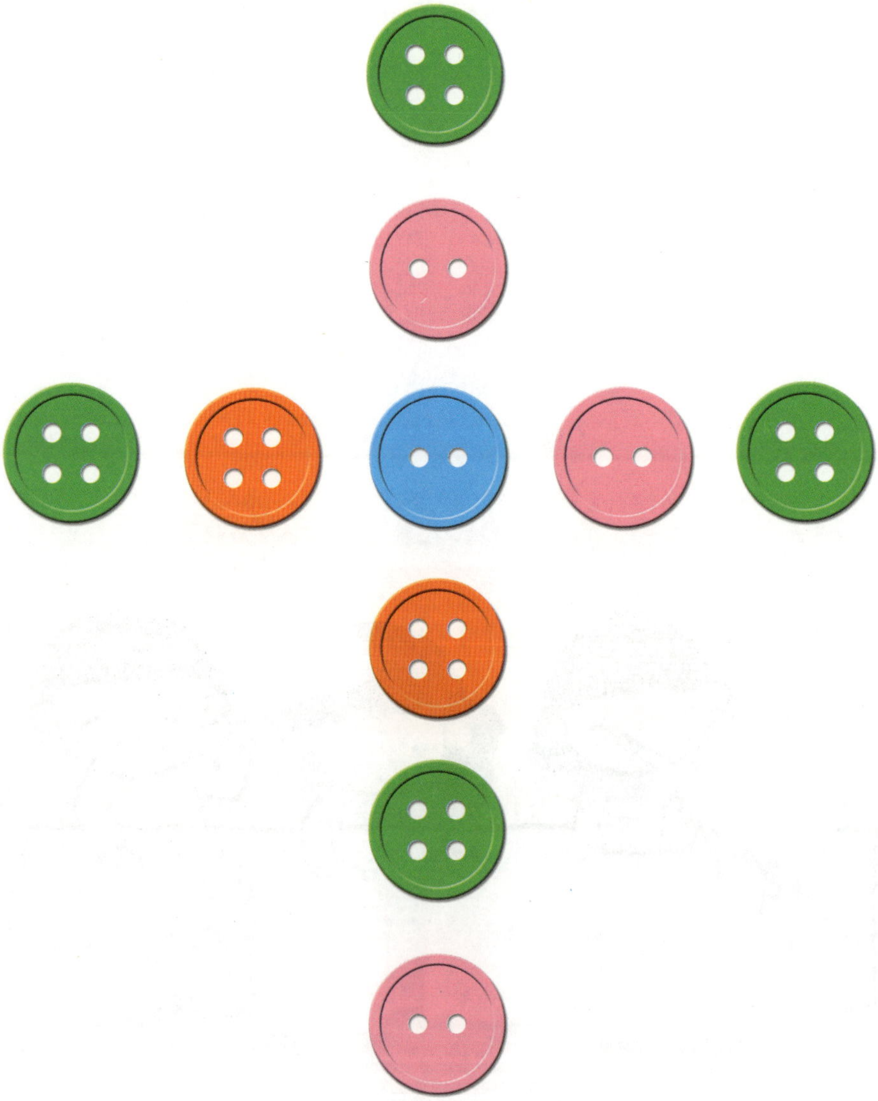

F-329a

✿ 이름 :

✿ 날짜 :

✿ 시간 :　　시　　분 ~　　시　　분

확인

➕ 경시 대회 예상 문제

1. ●는 한 자리 수이고 ▲보다 큰 수입니다. ▲와 ●는 각각 얼마입니까?

$$\blacktriangle \times \bullet = 24, \quad \blacktriangle + \bullet = 11$$

[답] ▲　　　　　　　, ●

2. 오른쪽 그림에서 🔵 안의 수는 양쪽 🟥 안의 한 자리 수를 곱한 것입니다. ㉠에 들어갈 알맞은 수를 쓰시오.

[답]

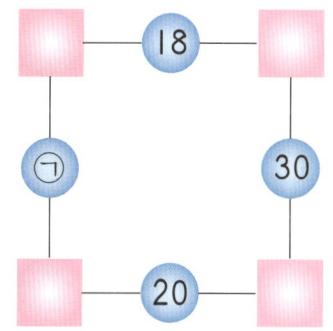

3. 오른쪽 곱셈표에서 빨간색 선으로 둘러싸여 있는 수들은 어떤 규칙이 있습니까?

[답]

×	4	5	6	7	8	9
7		35		49		63
8	32		48		64	
9		45		63		81

4. ● 는 435입니다. ■ − ▲ 를 구하시오.

$$31 + ▲ = ●, \quad ■ - 350 = ●$$

[답]

5. 상자 안의 수들을 오른쪽 빈 곳에 알맞게 한 번씩 넣어서 같은 줄에 있는 세 수의 합이 789가 되도록 만드시오.

```
    120    201
        233
    304    336
```

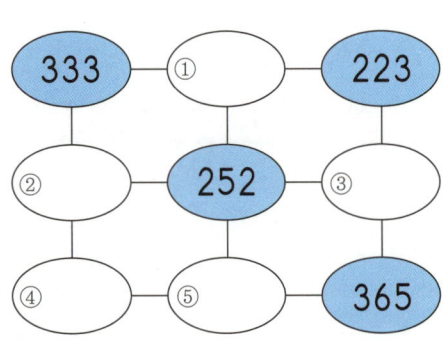

6. 상자 안의 수들을 ☐ 안에 알맞게 한 번씩 넣어서 덧셈식이나 뺄셈식을 만드시오.

```
    234    352    404
    415    649    756
```

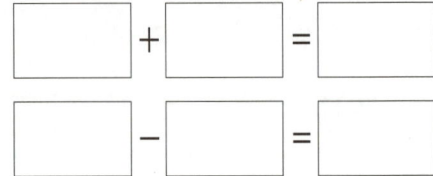

경시 대회 예상 문제

7. 삼각형의 세 변의 길이를 재어 보고, ☐ 안에 알맞은 수나 말을 써넣으시오.

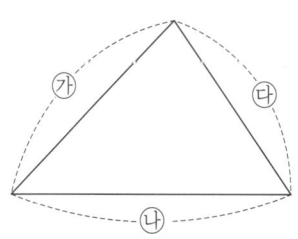

(1) ㉮는 ☐ cm 조금 ☐ 됩니다.

(2) ㉯는 약 ☐ cm입니다.

(3) ㉰는 ☐ cm 조금 ☐ 됩니다.

8. 건물의 높이는 4 m입니다. 나무의 높이는 약 몇 m입니까?

[답]

9. ㉮의 길이는 몇 m 몇 cm입니까?

> • ㉮는 ㉯보다 12 cm 더 깁니다.
> • ㉯는 ㉰보다 15 cm 더 짧습니다.
> • ㉰는 1 m 43 cm입니다.

[답]

10. ■ 는 얼마입니까?

$$913 - 537 = \triangle, \quad \bullet - 198 = \triangle, \quad \triangle + \bullet = \blacksquare$$

[답]

11. 다음을 만족하는 세 자리 수를 구하시오.

- 백의 자리 숫자는 4입니다.
- 일의 자리부터 거꾸로 읽어도 같은 수입니다.
- 202를 더하면 세 자리 숫자가 모두 같아집니다.

[답]

12. 9, 0, 6, 5 4장의 숫자 카드를 한 번씩만 사용하여 가장 작은 세 자리 수를 만들었습니다. 이 세 자리 수에서 상자 안의 수를 빼면 얼마입니까?

100이 2, 10이 13, 1이 17인 수

[답]

사고력도 탄탄! 창의력도 탄탄!

F6

F331a ~ F345b

학습 관리표

학습 내용		이번 주는?
확인 학습	· 분수 · 표와 그래프 · 문제 푸는 방법 찾기 · 창의력 학습 · 경시 대회 예상 문제	• 학습 방법 : ① 매일매일 ② 가끔 ③ 한꺼번에 하였습니다. • 학습 태도 : ① 스스로 잘 ② 시켜서 억지로 하였습니다. • 힉습 흥미 : ① 재미있게 ② 싫증내며 하였습니다. • 교재 내용 : ① 적합하다고 ② 어렵다고 ③ 쉽다고 하였습니다.
지도 교사가 부모님께		**부모님이 지도 교사께**
평가	ⓐ 아주 잘함 ⓑ 잘함	ⓒ 보통 ⓓ 부족함

원(교)   반   이름   전화

기초부터 튼튼하게
G 기탄교육
www.gitan.co.kr / (02)586-1007(대)

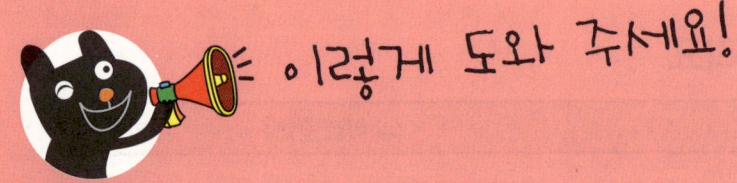
이렇게 도와 주세요!

● **학습 목표**
– 분수의 정의를 이해하고, 분수의 크기만큼 색칠하거나 색칠된 부분을 분수로 나타
   낼 수 있다.
– 실생활에서 찾을 수 있는 구체적인 자료를 조사하여 표로 나타낼 수 있다.
– 조사된 자료를 그래프로 나타내고, 자료의 크기를 비교할 수 있다.
– □를 사용하여 곱셈식으로 나타내고, □의 값을 구할 수 있다.
– 규칙 찾기, 거꾸로 풀기 방법으로 문제를 해결할 수 있다.

● **지도 내용**
– 분수를 이해하고, 이를 바탕으로 분수의 크기만큼 색칠하게 하고, 색칠된 부분을 분
   수로 나타내어 보게 한다.
– 조사 목적에 맞는 자료를 모으고, 모은 자료를 알맞게 분류 정리하여 표로 나타낼
   수 있게 하고, 그 표를 보고 ○표나 색칠을 하여 그래프로 나타낼 수 있게 한다.
– 문장으로 된 문제를 해결하기 위하여 □를 사용한 곱셈식을 만들어 보게 한다.
– 규칙 찾기, 거꾸로 풀기 방법으로 문제를 해결해 보게 한다.

● **지도 요점**
앞에서 학습한 분수, 표와 그래프, 문제 푸는 방법 찾기를 확인 학습하는 주입니다.
여러 유형의 문제를 접해 보게 함으로써 아이가 학습한 지식을 잘 응용할 수 있
도록 지도해 주십시오.

★ 이름 :

★ 날짜 :

★ 시간 :　　시　　분 ～　　시　　분

확인

🐸 다음 도형을 보고 물음에 답하시오.(1~3)

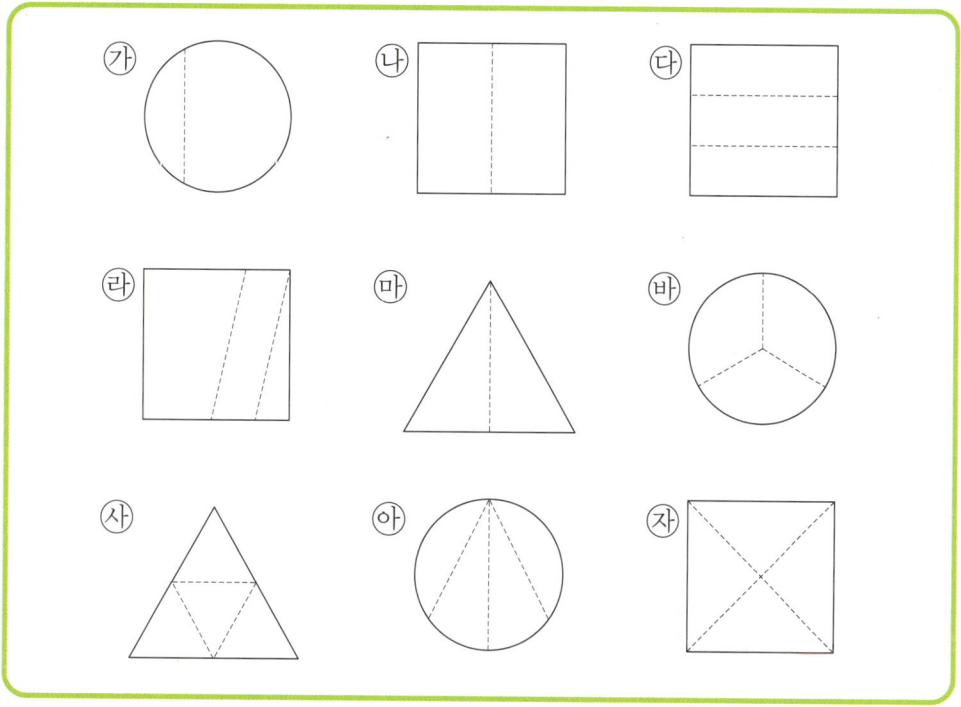

1. 똑같이 둘로 나누어진 도형을 모두 찾아 기호를 쓰시오.

[답]

2. 똑같이 셋으로 나누어진 도형을 모두 찾아 기호를 쓰시오.

[답]

3. 똑같이 넷으로 나누어진 도형을 모두 찾아 기호를 쓰시오.

[답]

확인 학습

👻 다음 도형을 주어진 수만큼 똑같이 나누어 보시오.(4~9)

4.
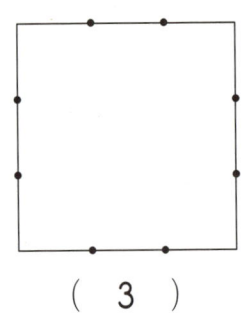
(3)

5.
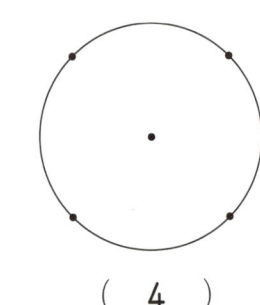
(4)

6.
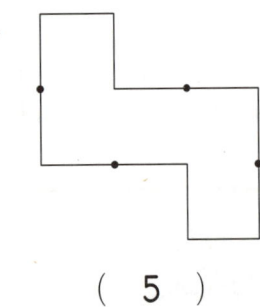
(5)

7.
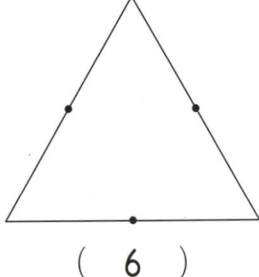
(6)

8.
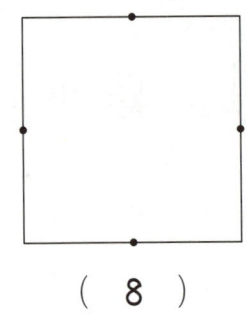
(8)

9.
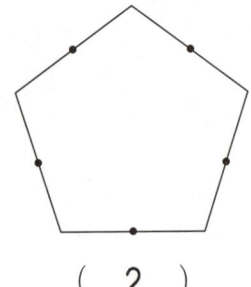
(2)

✿ 이름 :

✿ 날짜 :

✿ 시간 :   시   분 ~   시   분

확인

🐸 다음 ☐ 안에 알맞은 수를 써넣으시오.(1~4)

1. 부분 ◇ 은 전체 ⬡ 를 똑같이 ☐ 으로 나눈 것 중의 ☐ 입니다.

2. 부분 ▷ 은 전체 ◻ 를 똑같이 ☐ 로 나눈 것 중의 ☐ 입니다.

3. 부분 ◖ 은 전체 ◯ 를 똑같이 ☐ 로 나눈 것 중의 ☐ 입니다.

4. 부분 ◢ 은 전체 ⬠ 를 똑같이 ☐ 로 나눈 것 중의 ☐ 입니다.

확인 학습

😊 다음 ☐ 안에 알맞게 써넣으시오.(5~7)

5.

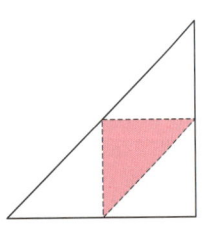

색칠한 부분은 전체를 똑같이 ☐ 로 나눈 것 중의

☐ 입니다. 이것을 ☐ 이라 쓰고 ☐

이라고 읽습니다.

6.

색칠한 부분은 전체를 똑같이 ☐ 로 나눈 것 중의

☐ 입니다. 이것을 ☐ 라 쓰고 ☐

라고 읽습니다.

7.

색칠한 부분은 전체를 똑같이 ☐ 으로 나눈 것 중의

☐ 입니다. 이것을 ☐ 이라 쓰고 ☐

이라고 읽습니다.

확인 학습

✿ 이름 :

✿ 날짜 :

✿ 시간 :   시   분 ~   시   분

확인

🐸 주어진 분수만큼 색칠하시오. (1~6)

1.

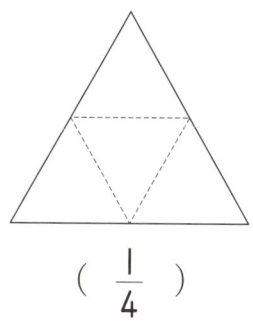

($\frac{1}{4}$)

2.

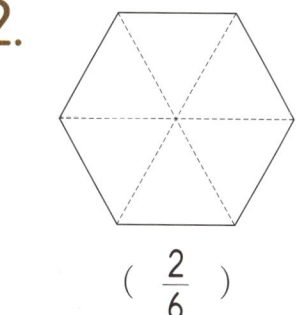

($\frac{2}{6}$)

3.

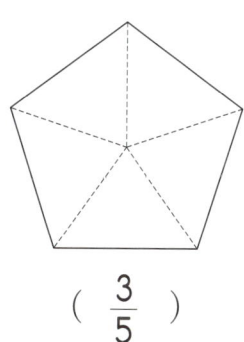

($\frac{3}{5}$)

4.

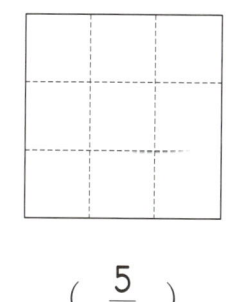

($\frac{5}{9}$)

5.

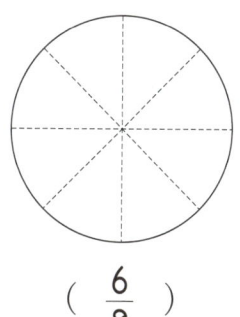

($\frac{6}{8}$)

6.

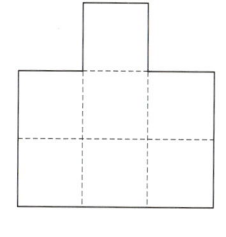

($\frac{4}{7}$)

확인 학습

주어진 분수에 맞게 도형을 나누고, 알맞게 색칠하시오.(7~12)

7.

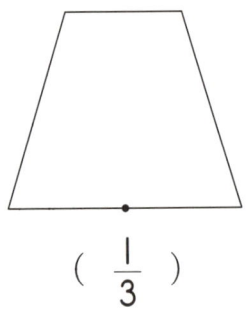

($\dfrac{1}{3}$)

8.

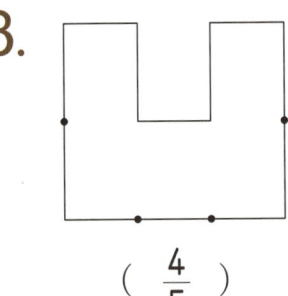

($\dfrac{4}{5}$)

9.

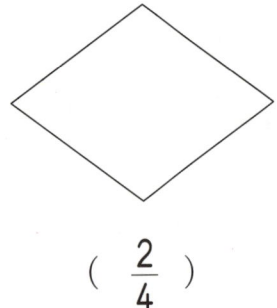

($\dfrac{2}{4}$)

10.

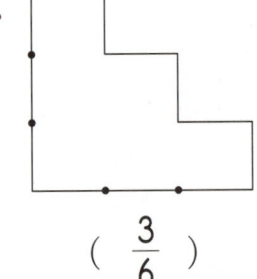

($\dfrac{3}{6}$)

11.

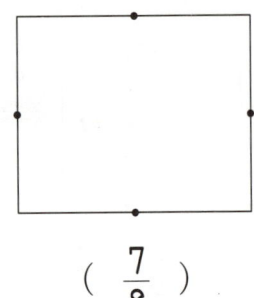

($\dfrac{7}{8}$)

12.

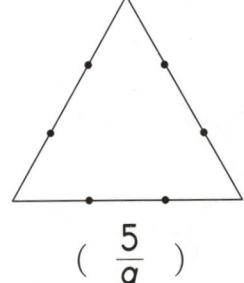

($\dfrac{5}{9}$)

★ 이름 :

★ 날짜 :

★ 시간 : 시 분 ~ 시 분

확인

🐸 전체에 대하여 색칠한 부분의 크기를 분수로 써 보시오.(1~6)

1.

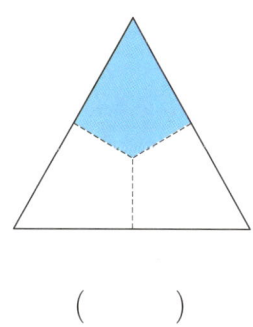

(   )

2.

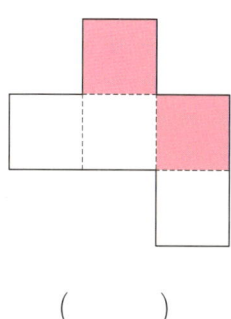

(   )

3.

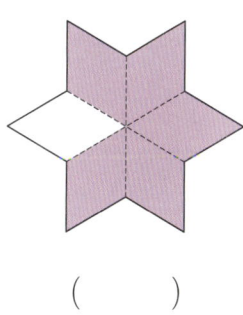

(   )

4.

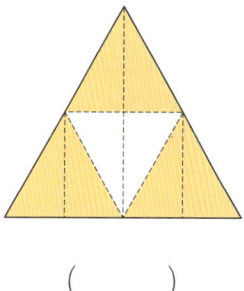

(   )

5.

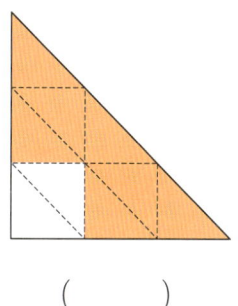

(   )

6.

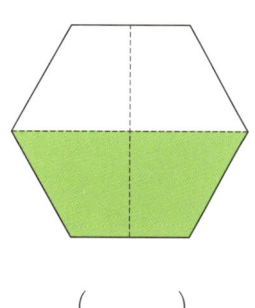

(   )

확인 학습

7. 색칠한 부분이 나타내는 분수가 다른 것에 ○표 하시오.

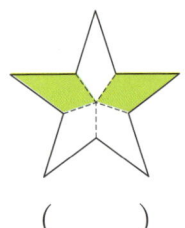　　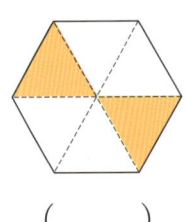　　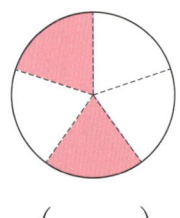　　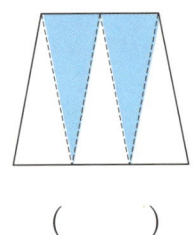

　(　　)　　　　(　　)　　　　(　　)　　　　(　　)

8. 먹고 남은 부분을 분수로 쓰고, 읽어 보시오.

(1) 　　　　　쓰기 (　　　　　)

　　　　　　　읽기 (　　　　　　　)

(2) 　　　　　쓰기 (　　　　　)

　　　　　　　읽기 (　　　　　　　)

9. 빵 1개를 정훈, 준혁, 유진이가 똑같이 나누어 먹었습니다. 정훈이가 먹은 빵은 전체의 몇 분의 몇입니까?

[답]

이름 :

날짜 :

시간 :   시   분 ~   시   분

확인

🐸 다음은 경준이네 반 학생들이 좋아하는 과일을 조사한 것입니다. 물음에 답하시오.(1~8)

경준	지윤	은희	유경	재영	진주
하은	승주	미진	정호	은주	성빈
성일	경희	동민	서윤	종기	정은

1. 미진이가 좋아하는 과일은 무엇입니까?

[답]

2. 배를 좋아하는 학생은 누구누구입니까?

[답]

3. 위의 조사한 것을 보면 좋아하는 과일별 학생 수를 알아보기에 편리합니까?

[답]

확인 학습

4. 앞의 조사한 것을 보고 표로 나타내어 보시오.

[좋아하는 과일별 학생 수]

과일	사과	배	귤	포도	계
학생 수(명)					

5. 사과를 좋아하는 학생은 몇 명입니까?

[답]

6. 가장 많은 학생이 좋아하는 과일은 무엇입니까?

[답]

7. 모두 몇 명의 학생을 조사한 것입니까?

[답]

8. 4번의 표는 좋아하는 과일별 학생 수를 알아보기에 편리합니까?

[답]

 확인 학습

F-336a

🐸 다음은 서희네 반 학생들이 좋아하는 간식을 조사하여 표로 나타낸 것입니다.
물음에 답하시오.(1~2)

[좋아하는 간식별 학생 수]

간식	과일	햄버거	떡볶이	과자	계
학생 수(명)	4	3	7	6	20

1. 좋아하는 간식별 학생 수만큼 ○표를 하여 그래프로 나타내어 보시오.

[좋아하는 간식별 학생 수]

학생 수(명) \ 간식	과일	햄버거	떡볶이	과자
8				
7				
6				
5				
4	○			
3	○			
2	○			
1	○			

2. 가장 많은 학생이 좋아하는 간식은 무엇입니까?

[답]

확인 학습

👻 다음은 은서네 반 학생들이 좋아하는 색깔을 조사하여 표로 나타낸 것입니다. 물음에 답하시오.(3~5)

[좋아하는 색깔별 학생 수]

색깔	빨강	파랑	초록	노랑	계
학생 수(명)	4	3	2	1	10

3. 좋아하는 색깔별 학생 수만큼 ○표를 하여 그래프로 나타내어 보시오.

[좋아하는 색깔별 학생 수]

학생 수(명) \ 색깔	빨강	파랑	초록	노랑
4				
3				
2				
1				

4. 가장 많은 학생이 좋아하는 색깔은 무엇이며, 좋아하는 학생은 몇 명입니까?

[답]   ,

5. 가장 적은 학생이 좋아하는 색깔은 무엇입니까?

[답]

 확인 학습

F-337a

🐸 다음은 지은이네 반 학생들이 좋아하는 운동을 조사한 것입니다. 조사한 것을 보고 표와 그래프로 나타내어 보시오.(1~2)

[학생별 좋아하는 운동]

지은	근영	지숙	건호	은수	경수	소희
동희	경은	민재	다희	한석	나은	홍민

1. [좋아하는 운동별 학생 수]

운동	축구	농구	야구	배구	계
학생 수(명)					

2. [좋아하는 운동별 학생 수]

5				
4				
3				
2				
1				
학생 수(명) 운동	축구	농구	야구	배구

확인 학습

다음은 민수네 반 학생들이 좋아하는 계절을 조사한 것입니다. 조사한 것을 보고 표와 그래프를 완성하여 보시오.(3~4)

[학생별 좋아하는 계절]

이름	계절	이름	계절	이름	계절	이름	계절
민수	가을	창희	봄	전웅	겨울	민희	여름
주영	봄	형석	여름	미리	봄	성환	봄
태호	가을	보희	봄	희태	가을	은영	가을

3.

[좋아하는 계절별 학생 수]

계절					계
학생 수(명)					

4.

[좋아하는 계절별 학생 수]

학생 수(명) / 계절				

확인 학습

✿ 이름 :

✿ 날짜 :

✿ 시간 :　시　분 ~ 　시　분

확인

🐸 다음은 소라네 반 학생들이 좋아하는 동물을 조사하여 그래프로 나타낸 것입니다. 물음에 답하시오.(1~3)

[좋아하는 동물별 학생 수]

학생 수(명) \ 동물	사자	기린	원숭이	호랑이
5	○			
4	○			○
3	○		○	○
2	○	○	○	○
1	○	○	○	○

1. 가장 적은 학생이 좋아하는 동물은 무엇이며, 좋아하는 학생은 몇 명입니까?

   [답]　　　　　　，

2. 많은 학생이 좋아하는 동물부터 차례로 쓰시오.

   [답]

3. 호랑이를 좋아하는 학생은 기린을 좋아하는 학생보다 몇 명 더 많습니까?

   [답]

확인 학습

🔊 재현이는 축구 대회에 참가한 팀별로 승리한 횟수를 조사하여 그래프를 만들었습니다. 다음 물음에 답하시오.(4~6)

[팀별 승리 횟수]

승리 횟수(회) / 축구팀	토끼	사자	곰	용	말	기린
6				○		
5	○		○	○		
4	○		○	○		○
3	○	○	○	○		○
2	○	○	○	○	○	○
1	○	○	○	○	○	○

4. 가장 많이 승리한 팀은 어느 팀입니까?

[답]

5. 승리 횟수가 같은 팀은 어느 팀과 어느 팀입니까?

[답]

6. 그래프를 보고 표로 나타내어 보시오.

[팀별 승리 횟수]

축구팀	토끼	사자	곰	용	말	기린	계
승리 횟수(회)							

확인 학습

✿ 이름 :

✿ 날짜 :

✿ 시간 :　　　시　　　분 ~　　　시　　　분

확인

🐸 □를 사용하여 곱셈식으로 나타내어 보시오.(1~4)

1. 서현이네 반은 한 모둠에 6명씩 있습니다. 서현이네 반 학생 수가 모두 36명이라면 몇 모둠이 있습니까?

[식]

2. 한 상자에 옷이 7벌씩 들어 있습니다. 옷이 모두 21벌입니다. 옷이 들어 있는 상자는 몇 상자입니까?

[식]

3. 친구 8명에게 초콜릿 32개를 똑같이 나누어 주려고 합니다. 한 사람에게 몇 개씩 나누어 줄 수 있습니까?

[식]

4. 주차장에 자동차가 9줄로 세워져 있습니다. 자동차가 모두 81대이면 한 줄에 몇 대씩 세워져 있는 것입니까?

[식]

확인 학습

👻 다음은 주어진 곱셈식에 알맞은 문제를 만든 것입니다. ☐ 안에 알맞은 수를 써넣으시오.(5~6)

5. $9 \times \boxed{} = 54$

야구는 한 팀이 ☐ 명입니다. 야구 대회에 참가한 선수는 모두

☐ 명입니다. 몇 팀이 참가했습니까?

6. $\boxed{} \times 8 = 40$

길이가 같은 성냥개비 ☐ 개를 한 줄로 늘어놓았더니 ☐ cm가

되었습니다. 성냥개비 한 개의 길이는 몇 cm입니까?

7. 곱셈식을 보고 문제를 완성하여 보시오.

 $4 \times \boxed{} = 24$

빵이 4개씩 포장되어 있습니다. _____

_____

★ 이름 :

★ 날짜 :

★ 시간 :   시   분 ~   시   분

확인

🐸 □를 사용하여 곱셈식을 만들고 답을 구하시오.(1~7)

1. 사과가 한 봉지에 3개씩 들어 있습니다. 몇 봉지를 풀었더니 사과가 모두 27개였습니다. 몇 봉지를 풀었습니까?

[식]   [답]

2. 귤 12개를 접시 4개에 똑같이 나누어 담으려고 합니다. 접시 한 개에 귤을 몇 개씩 담으면 됩니까?

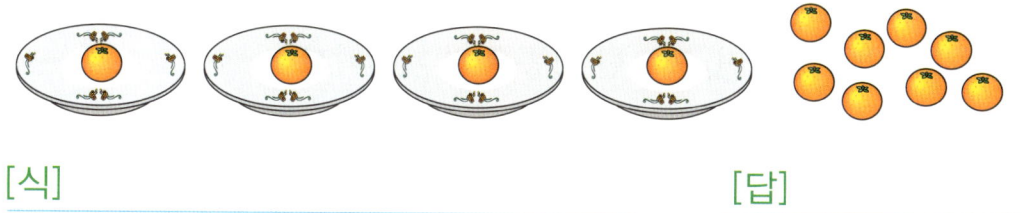

[식]   [답]

3. 구슬을 8개씩 꿰어 목걸이를 만들려고 합니다. 구슬이 모두 40개 있습니다. 목걸이를 몇 개 만들 수 있습니까?

[식]   [답]

확인 학습

4. 배구는 한 팀이 6명입니다. 배구 대회에 참가한 선수는 모두 48명입니다. 몇 팀이 참가했습니까?

[식]   [답]

5. 미숙이는 과자를 5봉지 샀습니다. 과자를 세어 보니 모두 45개였습니다. 한 봉지에 들어 있는 과자는 몇 개입니까?

[식]   [답]

6. 승희는 필통 한 개에 색연필을 6자루씩 넣으려고 합니다. 색연필이 모두 24자루이면, 필요한 필통은 몇 개입니까?

[식]   [답]

7. 승합차 9대에 72명이 똑같이 나누어 탔습니다. 승합차 한 대에는 몇 명이 탔습니까?

[식]   [답]

★ 이름 :

★ 날짜 :

★ 시간 :　　시　　분~　　시　　분

확인

1. 그림과 같이 일정한 규칙에 따라 색종이를 늘어놓았습니다. 12째 번에 놓인 색종이는 무슨 색깔인지 알아보시오.

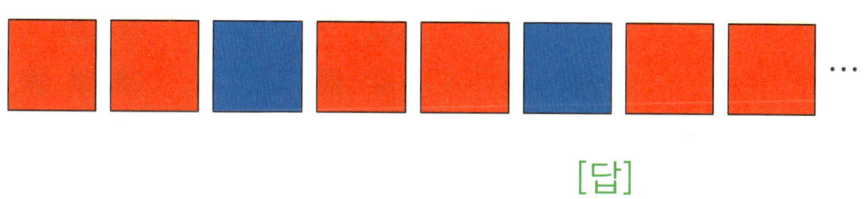

[답]

2. 그림을 보고 규칙을 찾아 아홉째 번의 모양을 완성하시오.

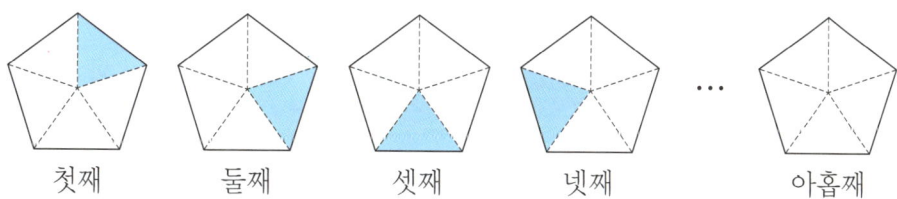

첫째　　　둘째　　　셋째　　　넷째　　　…　　아홉째

3. 규칙을 찾아 여섯째 번에 놓일 바둑돌은 몇 개인지 구하시오.

첫째　　둘째　　　셋째　　　　넷째

[답]

확인 학습

4. 규칙을 찾아 여섯째 번에 놓일 바둑돌은 몇 개인지 구하시오.

첫째   둘째   셋째   넷째   ...

[답]

5.

[5월]

일	월	화	수	목	금	토
						1
3	4	5	6	7		

5월 달력에서 셋째 주 토요일은 며칠입니까?

[답]

6.

[9월]

일	월	화	수	목	금	토
4	5	6	7			

9월 달력에서 넷째 주 목요일은 며칠입니까?

[답]

 확인 학습

🌸 이름 :

🌸 날짜 :

🌸 시간 : 　시　분 ~ 　시　분

확인

1. 신발장의 번호표가 일부만 남아 있습니다. 경선이의 신발장은 셋째 줄 다섯째 칸입니다. 경선이의 신발장은 몇 번입니까?

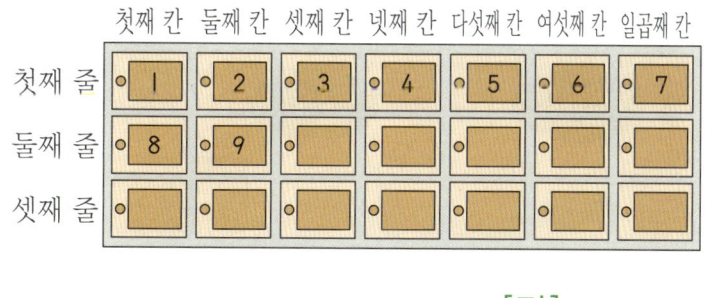

[답]

2. 색이 칠해져 있는 숫자들의 규칙을 찾아 알맞은 곳에 색칠하시오.

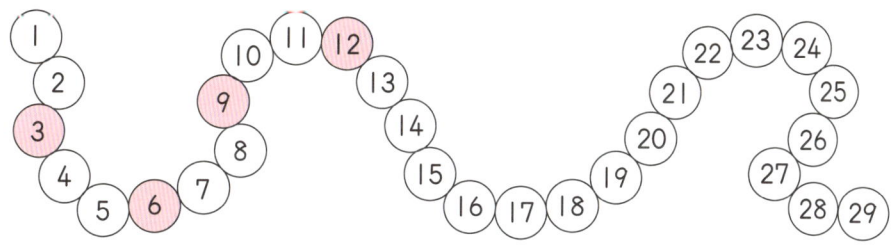

3. 성냥개비로 그림과 같이 사각형을 만들려고 합니다. 사각형 6개를 만들려면 성냥개비는 모두 몇 개 필요합니까?

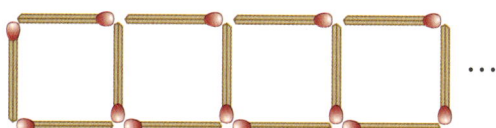

[답]

확인 학습

4. 현선이가 친구에게 색종이 13장을 주고 선생님께 15장을 받았더니 모두 22장이 되었습니다. 현선이가 처음에 가지고 있던 색종이는 몇 장인지 빈칸에 알맞은 수를 써넣어 알아보시오.

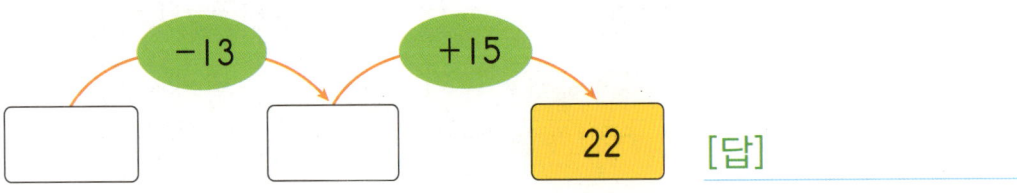

[답]

5. 형일이는 가지고 있는 용돈으로 350원짜리 과자를 한 개 사고, 400원짜리 음료수를 한 개 샀더니 200원이 남았습니다. 형일이가 처음에 가지고 있던 용돈은 얼마입니까?

[답]

6. ★ 모양의 말을 왼쪽으로 4칸, 앞으로 3칸 옮겼더니 아래와 같은 위치가 되었습니다. 옮기기 전에 말의 위치는 어디였는지 ★표 하시오.

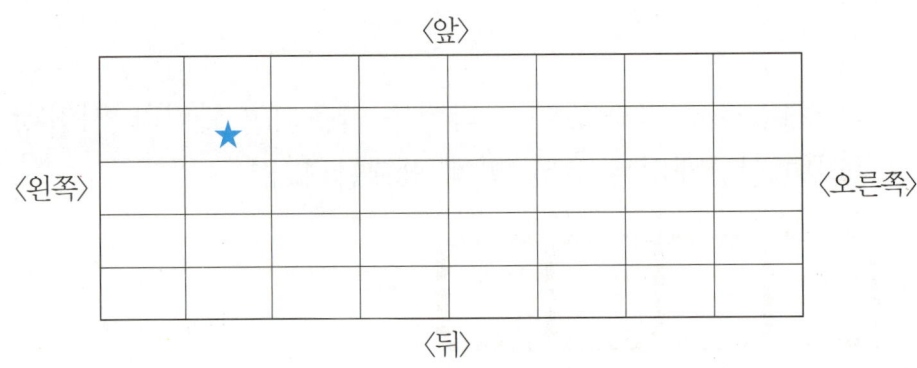

✿ 이름 :

✿ 날짜 :

✿ 시간 : 시 분 ~ 시 분

확인

🌐 창의력 학습

 4 , 5 , 2 , 3 4장의 숫자 카드가 있습니다. 이 중에서 3장을 골라 +, −를 사용하여 다음과 같은 식을 만들어 보시오.

| 4 | 5 | 2 | 3 |

(1) 0이 되게 식을 만들어 보시오.

[식]

(2) 1이 되게 식을 만들어 보시오.

[식]

(3) 2가 되게 식을 만들어 보시오.

[식]

(4) 3이 되게 식을 만들어 보시오.

[식]

성희는 지원이에게서 생일 초대를 받았습니다. 성희가 지원이의 생일이 며칠인지 달력을 보았더니, 동생이 달력에 붙임 딱지를 붙여 놓아서 날짜를 볼 수가 없습니다. 성희가 지원이의 생일잔치에 갈 수 있도록 초대장을 읽고 며칠인지 알아보시오.

(1) 달력의 규칙은 무엇입니까?

[답]

(2) 지원이의 생일은 며칠입니까?

[답]

창의력 학습

F-344a

➕ 경시 대회 예상 문제

1. 왼쪽 그림이 나타내는 분수의 크기만큼 오른쪽 그림에 색칠하여 보시오.

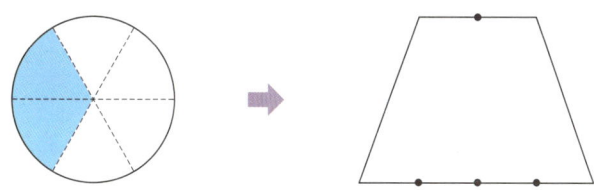

2. 규칙에 따라 분수를 늘어놓은 것입니다. □ 안에 들어갈 분수만큼 오른쪽 그림에 색칠하시오.

$$\frac{1}{2}, \frac{2}{3}, \frac{3}{4}, \frac{4}{5}, \frac{5}{6}, \frac{6}{7}, \boxed{}, \cdots$$

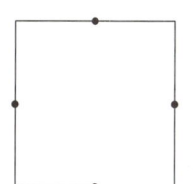

3. 규칙에 따라 색칠한 것입니다. 일곱째 번 그림에 색칠할 부분을 분수로 나타내시오.

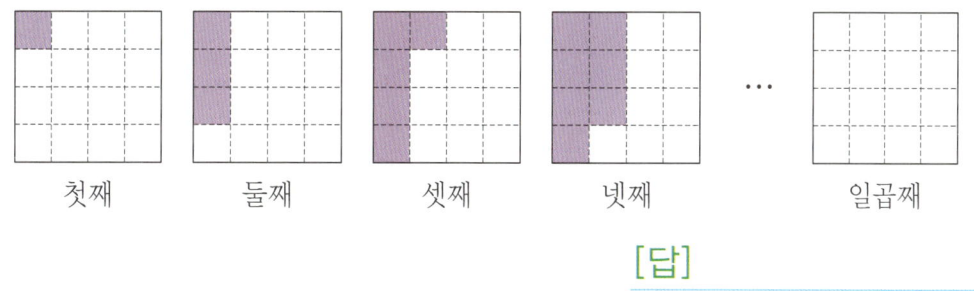

| 첫째 | 둘째 | 셋째 | 넷째 | ⋯ | 일곱째 |

[답]

다음은 미현이네 집에서 기르고 있는 동물 수를 조사하여 표와 그래프로 나타 낸 것입니다. 소는 돼지보다 3마리 더 많습니다. 물음에 답하시오.(4~5)

[종류별 동물 수]

동물	소	닭	돼지	개	오리	계
수(마리)		5		7	4	25

[종류별 동물 수]

수(마리) \ 동물	소		돼지	
				○
				○
		○		○
		○		○	○
		○		○	○
		○		○	○
		○		○	○

4. 표와 그래프를 완성하여 보시오.

5. 많이 기르고 있는 동물부터 차례로 쓰시오.

[답]

6. 남학생은 한 줄에 3명씩 6줄로 서 있고, 여학생은 한 줄에 5명씩 2줄로 서 있습니다. 이 학생들을 모두 모아 한 줄에 4명씩 세우려고 합니다. 몇 줄로 세울 수 있습니까?

[답] _____

7. 1번부터 9번까지 번호가 적혀 있는 놀이 기구가 3대 있습니다. 수연이는 앞에서부터 24째 번에 앉아 있습니다. 한 칸에 한 명씩 순서대로 놀이 기구를 탄다면, 수연이가 탈 놀이 기구는 몇 번입니까?

[답] _____

8. 그림과 같은 규칙으로 바둑돌을 놓았습니다. 20째 번 바둑돌은 어디에다 놓아야 하는지 그려 보시오.

         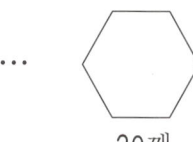

9. 규칙을 찾아 여섯째 번에 놓을 구슬은 몇 개인지 구하시오.

첫째	●
둘째	● ● ●
셋째	● ● ● ● ● ● ● ● ●
넷째	● ● ● ● ● ● ● ● ● ● ● ● ● ● ● ● ●

[답]

10.

[12월]

일	월	화	수	목	금	토
			1	2		
5						

12월 달력에서 31일은 몇째 주 무슨 요일입니까?

[답]

11. 문구점에서 아침에 색종이를 170장 팔고, 점심에는 아침보다 30장 더 많이 팔았습니다. 저녁에 250장을 더 들여와서 800장이 되었습니다. 처음에 문구점에 있던 색종이는 몇 장입니까?

[답]

사고력도 탄탄! 창의력도 탄탄!
기탄사고력수학

F6

F346a ~ F360b

학습 관리표

학습 내용		이번 주는?
확인 학습	· 한 학기 동안 학습한 곱셈구구, 덧셈과 뺄셈 (1), 길이 재기, 덧셈과 뺄셈 (2), 분수, 표와 그래프, 문제 푸는 방법 찾기의 총정리 · 창의력 학습 · 경시 대회 예상 문제 · 종료 테스트	• 학습 방법 : ① 매일매일 ② 가끔 ③ 한꺼번에 　　　　　하였습니다. • 학습 태도 : ① 스스로 잘 ② 시켜서 억지로 　　　　　하였습니다. • 학습 흥미 : ① 새미있게 ② 싫증내며 　　　　　하였습니다. • 교재 내용 : ① 적합하다고 ② 어렵다고 ③ 쉽다고 　　　　　하였습니다.

지도 교사가 부모님께	부모님이 지도 교사께

평가	Ⓐ 아주 잘함	Ⓑ 잘함	Ⓒ 보통	Ⓓ 부족함

원(교)　　　　　반　　이름　　　　　전화

기초부터 탄탄하게
G 기탄교육
www.gitan.co.kr / (02)586-1007(대)

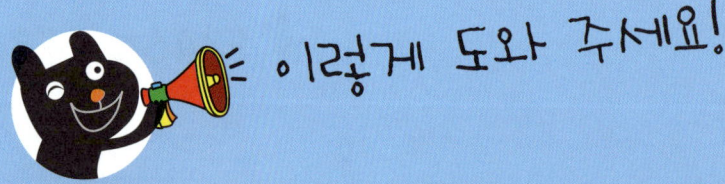
이렇게 도와 주세요!

● **학습 목표**
- 곱셈구구의 구성 원리를 이해하여 문제를 해결할 수 있다.
- 세 자리 수의 덧셈과 뺄셈을 할 수 있다.
- 길이를 재어 cm, m로 말할 수 있고, 길이의 합과 차를 구할 수 있다.
- 똑같이 나눈 부분과 전체의 크기를 비교하여 분수를 이해할 수 있다.
- 구체적인 자료를 조사하여 표로 나타낸 다음, 그래프로 그려서 자료의 크기를 비교할 수 있다.
- □가 있는 곱셈식을 만들어 문제를 해결할 수 있고, 규칙을 찾아 문제를 해결할 수 있고, 거꾸로 생각하여 문제를 해결할 수 있다.

● **지도 내용**
- 곱셈을 활용하는 여러 가지 문제를 해결해 보게 한다.
- 세 자리 수의 덧셈과 뺄셈을 활용하는 여러 가지 문제를 해결해 보게 한다.
- 세 자리 수인 세 수의 덧셈과 뺄셈, 그리고 혼합 계산을 해 보게 한다.
- 길이를 m와 cm로 나타내고, 몇 m 몇 cm로 나타낸 두 길이의 합과 차를 구해 보게 한다.
- 조사한 자료를 보고 표로 나타낸 다음, 그래프를 그려서 자료의 크기를 비교해 보게 한다.
- 문장으로 된 문제를 해결하기 위하여 □를 사용한 식으로 나타내 보고, 규칙 찾기, 거꾸로 풀기로 문제를 해결해 보게 한다.

● **지도 요점**
앞에서 학습한 곱셈구구, 세 자리 수의 덧셈과 뺄셈 (1)·(2), 길이 재기, 분수, 표와 그래프, 문제 푸는 방법 찾기를 총정리하는 주입니다.
여러 유형의 문제를 접해 보게 함으로써 아이가 학습한 지식을 응용할 수 있도록 지도해 주십시오. 그리고 종료 테스트를 이용하여 주어진 시간 내에 주어진 문제를 푸는 연습을 하도록 지도해 주십시오.

🐸 다음 ☐ 안에 알맞은 수를 써넣으시오.(1~12)

1. $9 \times 5 = \boxed{}$

2. $2 \times 6 = \boxed{}$

3. $4 \times 8 = \boxed{}$

4. $3 \times 5 = \boxed{}$

5. $5 \times \boxed{} = 5$

6. $9 \times \boxed{} = 81$

7. $6 \times \boxed{} = 36$

8. $4 \times \boxed{} = 16$

9. $\boxed{} \times 2 = 16$

10. $\boxed{} \times 9 = 0$

11. $\boxed{} \times 5 = 35$

12. $\boxed{} \times 7 = 49$

확인 학습

13. 빈 곳에 알맞은 수를 써넣으시오.

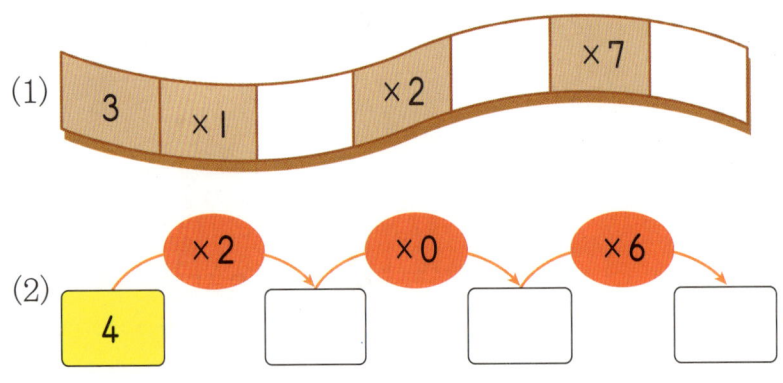

(1) 3 ×1 □ ×2 □ ×7 □

(2) 4 ×2 □ ×0 □ ×6 □

14. 곱이 40보다 큰 것을 모두 찾아 ○표 하시오.

$$7 \times 9 \quad 2 \times 5 \quad 3 \times 4 \quad 9 \times 4$$
$$5 \times 6 \quad 4 \times 7 \quad 8 \times 8 \quad 6 \times 4$$

15. □ 안에 들어갈 수가 큰 것부터 차례로 기호를 쓰시오.

ㄱ $3 \times \square = 9$ ㄴ $\square \times 9 = 54$

ㄷ $1 \times \square = 4$ ㄹ $\square \times 8 = 40$

[답]

★ 이름 :

★ 날짜 :

★ 시간 :   시   분 ~   시   분

확인

1. 곱셈표의 일부분입니다. 물음에 답하시오.

×	3	4	5	6	7
3	9	12	15	18	21
4	12	16	20	24	28
5	15	20	25	30	35
6	18	24	30	36	42
7	21	28	㉮	42	49

(1) 파란색으로 칠한 곳의 수들에는 어떤 규칙이 있습니까?

[답]

(2) 빨간색 선으로 둘러싸인 수들과 규칙이 같은 곳을 찾아 색칠하시오.

(3) 점선을 따라 접었을 때 ㉮와 만나는 수를 찾아 ○표 하시오.

2. 그림을 보고 곱셈식을 만들어 보시오.

6 × ☐ = ☐

☐ × 6 = ☐

3. ㉠과 ㉡의 곱을 구하시오.

$$2 \times ㉠ = 3 \times 2, \qquad 8 \times 9 = 9 \times ㉡$$

[답]

4. 그림과 같이 색연필로 네모 모양을 만들었습니다. 네모 모양 **9**개를 만들려면 색연필은 모두 몇 자루 필요합니까?

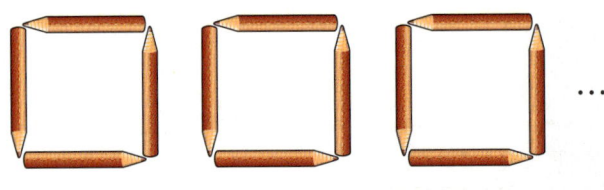

[식] _____ [답] _____

5. 코스모스 한 송이의 꽃잎은 **8**장입니다. 코스모스 **4**송이의 꽃잎은 모두 몇 장입니까?

[식] _____ [답] _____

6. 공 꺼내기 놀이를 하고 있습니다. 공을 꺼냈을 때 쓰여 있는 숫자만큼 점수를 얻는다고 합니다. 다음과 같이 공을 꺼냈을 때, 얻은 점수는 모두 몇 점입니까?

꺼낸 공의 숫자	0	1	2	3
꺼낸 횟수(회)	3	5	2	4

[답] _____

✿ 이름 :
✿ 날짜 :
✿ 시간 : 시 분 ~ 시 분

확인

🐸 다음 계산을 하시오.(1~10)

1.
```
   400
 + 300
```

2.
```
   800
 - 600
```

3.
```
   520
 + 340
```

4.
```
   790
 - 470
```

5.
```
   346
 + 202
```

6.
```
   675
 - 363
```

7. 200+750=

8. 430-200=

9. 132+561=

10. 856-815=

확인 학습

11. 210과 470의 합과 차는 몇백쯤 되는지 알아보시오.

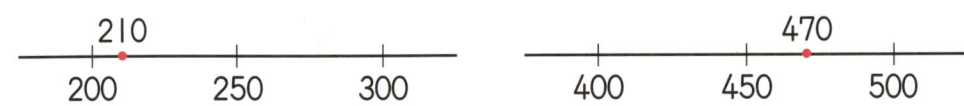

(1) 210+470 ➡ 200+ ☐ = ☐ (쯤)

(2) 470−210 ➡ ☐ −200= ☐ (쯤)

12. ☐ 안에 들어갈 수가 큰 것부터 차례로 기호를 쓰시오.

㉠ 365+☐=786,	㉡ ☐+347=867
㉢ 528−☐=120,	㉣ ☐−236=341

[답] _____

13. ☐ 안에 알맞은 숫자를 써넣으시오.

(1)
```
  ☐ 6 ☐
+ 4 ☐ 2
─────────
  5 9 8
```

(2)
```
  7 ☐ 5
- ☐ 6 ☐
─────────
  4 3 3
```

✿ 이름 :

✿ 날짜 :

✿ 시간 : 시 분~ 시 분

확인

1. 정민이는 520원을 가지고 있고 현선이는 260원을 가지고 있습니다. 두 사람이 가지고 있는 돈은 모두 얼마입니까?

[식]　　　　　　　　　　　　　　　　　　　　[답]

2. 문구점에 연필이 930자루 있습니다. 그중에서 610자루를 팔았습니다. 남은 연필은 몇 자루입니까?

[식]　　　　　　　　　　　　　　　　　　　　[답]

3. 양계장의 닭들이 달걀을 어제는 386개, 오늘은 212개를 낳았습니다. 어제와 오늘 낳은 달걀은 모두 몇 개입니까?

[식]　　　　　　　　　　　　　　　　　　　　[답]

4. 은수네 과수원에는 배나무가 213그루, 사과나무가 395그루 있습니다. 사과나무는 배나무보다 몇 그루 더 많습니까?

[식]　　　　　　　　　　　　　　　　　　　　[답]

확인 학습

🐾 다음 ☐ 안에 알맞은 수를 써넣으시오.(5〜16)

5. 3 m = ☐ cm

6. 7 m = ☐ cm

7. 200 cm = ☐ m

8. 900 cm = ☐ m

9. 510 cm = ☐ m ☐ cm

10. 456 cm = ☐ m ☐ cm

11. 327 cm = ☐ m ☐ cm

12. 607 cm = ☐ m ☐ cm

13. 1 m 20 cm = ☐ cm

14. 9 m 55 cm = ☐ cm

15. 8 m 74 cm = ☐ cm

16. 2 m 8 cm = ☐ cm

★ 이름 :

★ 날짜 :

★ 시간 :　　시　　분 ~　　시　　분

확인

🐸 다음 길이를 알아보시오.(1~3)

1.
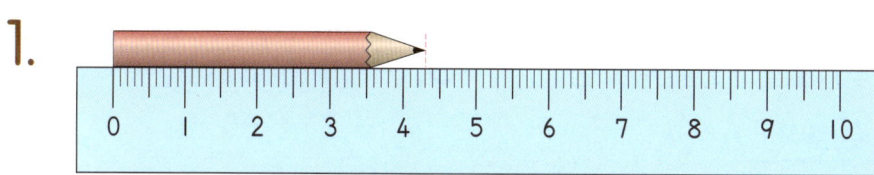

　　(1) 연필의 길이는 ☐ cm 조금 ☐ 됩니다.

　　(2) 연필의 길이는 약 ☐ cm입니다.

2.
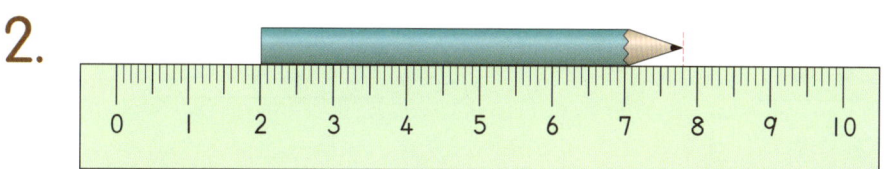

　　(1) 연필의 길이는 ☐ cm 조금 ☐ 됩니다.

　　(2) 연필의 길이는 약 ☐ cm입니다.

3.

　　(1) 연필의 길이는 ☐ cm 조금 ☐ 됩니다.

　　(2) 연필의 길이는 약 ☐ cm입니다.

다음 계산을 하시오.(4~11)

4.
```
   5 m  40 cm
+  3 m  23 cm
```

5.
```
   9 m  85 cm
−  3 m  60 cm
```

6.
```
   4 m  45 cm
+  3 m  26 cm
```

7.
```
   5 m  74 cm
−  2 m  38 cm
```

8. 1 m 46 cm + 5 m 12 cm =

9. 6 m 39 cm − 2 m 22 cm =

10. 4 m 37 cm + 8 m 56 cm =

11. 10 m 50 cm − 5 m 27 cm =

확인 학습

🌸 이름 :

🌸 날짜 :

🌸 시간 :　　　시　　　분 ~ 　　　시　　　분

확인 ⭐

1. 막대 한 개의 길이는 1 m입니다. 창문의 가로 길이는 약 몇 m입니까?

[답]

2. 색 테이프의 길이를 재어 보고, 그 길이를 두 가지 방법으로 나타내시오.

[답]

3. 길이가 약 10 cm인 선분을 그려 보시오.

4. 아버지와 준우는 멀리뛰기를 했습니다. 아버지는 2 m 20 cm 뛰었고, 준우는 1 m 5 cm 뛰었습니다. 누가 얼마나 더 멀리 뛰었습니까?

[답]　　　　　　　　　　　,

다음 계산을 하시오.(5~14)

5.
```
   2 0 7
 + 3 6 4
```

6.
```
   9 4 6
 - 4 9 4
```

7.
```
   6 8 5
 + 2 6 8
```

8.
```
   8 5 5
 - 5 7 7
```

9. 174+652=

10. 682-519=

11. 129+177=

12. 725-129=

13. 135+326-189=

14. 723-680+558=

확인 학습

★ 이름 :

★ 날짜 :

★ 시간 :　　시　분 ~ 　시　분

확인

1. 189와 423의 합과 차는 몇백 몇십쯤 되는지 알아보시오.

```
         189                        423
 ├──┼──┼──┼──┤      ├──┼──┼──┼──┤
180  185  190      420  425  430
```

(1) 189 + 423 ➡ 190 + ☐ = ☐ (쯤)

(2) 423 - 189 ➡ ☐ - 190 = ☐ (쯤)

2. ☐ 안에 알맞은 숫자를 써넣으시오.

(1)
```
    3 ☐ 9
 +  ☐ 8 ☐
 ─────────
    9 0 3
```

(2)
```
   ☐ 4 ☐
 -  3 ☐ 4
 ─────────
   2 9 8
```

3. ☐ 안에 알맞은 수를 써넣으시오.

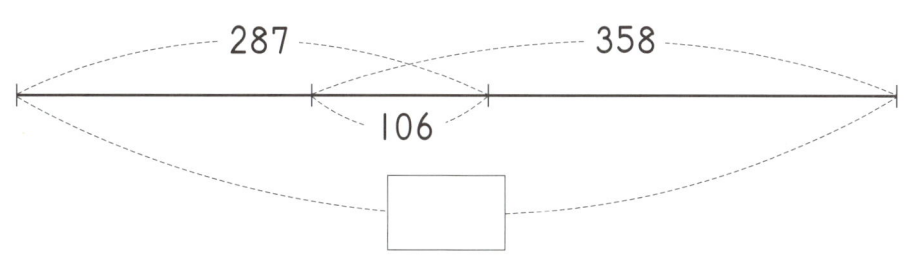

287　　　　　358

106

☐

F-352b

4. 운동회를 하고 있습니다. 청군은 389명이고 백군은 313명입니다. 청군과 백군 어린이들은 모두 몇 명입니까?

   [식]   [답]

5. 전교생 614명이 퀴즈 대회를 합니다. 첫째 번 문제에서 175명이 떨어졌습니다. 남아 있는 학생은 몇 명입니까?

   [식]   [답]

6. 수목원에 단풍나무가 138그루, 은행나무가 118그루 있습니다. 소나무 176그루를 더 심는다면, 나무는 모두 몇 그루입니까?

   [식]   [답]

7. 한별이는 가지고 있던 종이학 500개 중에서 152개를 누나에게 주었고, 67개를 동생에게 주었습니다. 한별이에게 남은 종이학은 몇 개입니까?

   [식]   [답]

 확인 학습

🌸 이름 :

🌸 날짜 :

🌸 시간 : 시   분 ~   시   분

확인

1. 똑같이 나누어진 도형을 모두 찾아 ◯표 하시오.

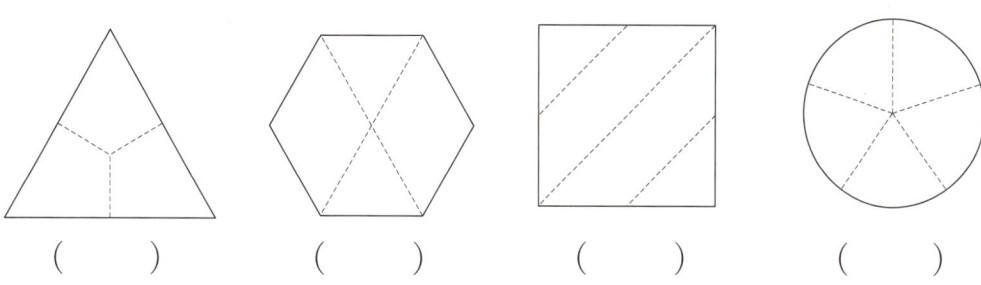

(　)　　　(　)　　　(　)　　　(　)

2. 똑같이 셋으로 나누어진 도형을 모두 찾아 ◯표 하시오.

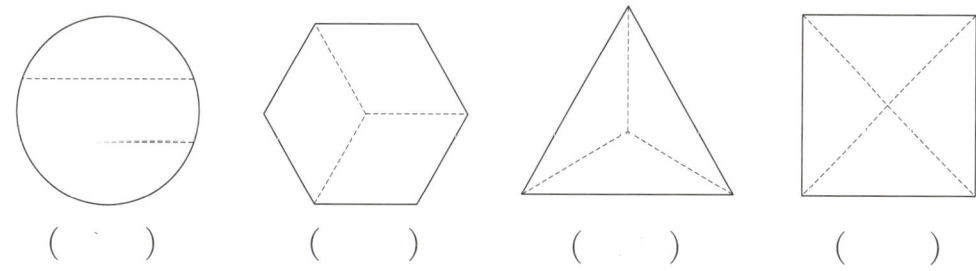

(　)　　　(　)　　　(　)　　　(　)

3. 주어진 수만큼 똑같이 나누어 보시오.

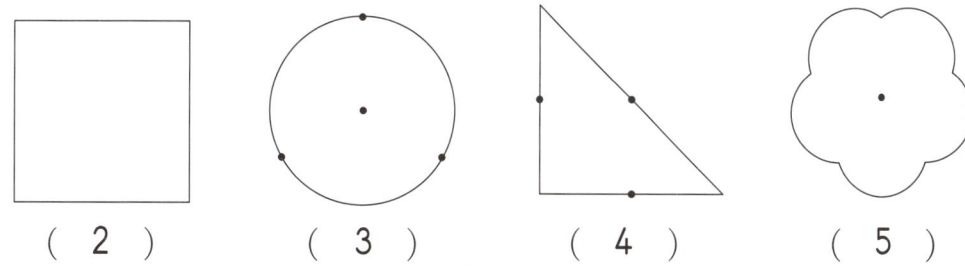

(2)　　　(3)　　　(4)　　　(5)

4. 서로 관계있는 것끼리 선으로 연결하시오.

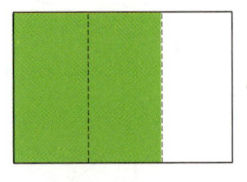 · · $\dfrac{1}{2}$ · · 4분의 3

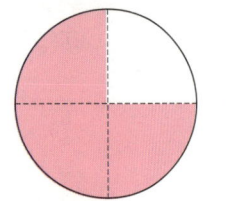 · · $\dfrac{2}{3}$ · · 3분의 2

 · · $\dfrac{3}{4}$ · · 2분의 1

5. 주어진 분수만큼 색칠하시오.

(1) 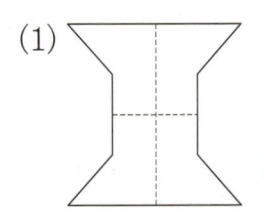 $\dfrac{3}{4}$

(2) 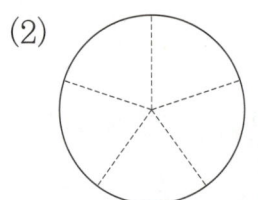 $\dfrac{2}{5}$

(3) 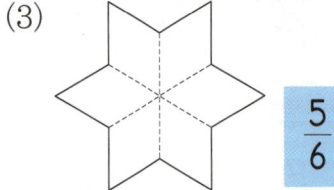 $\dfrac{5}{6}$

(4) 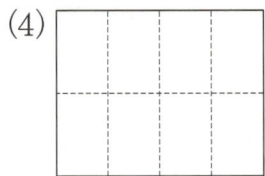 $\dfrac{1}{8}$

1. 먹고 남은 부분을 분수로 써 보시오.

(1)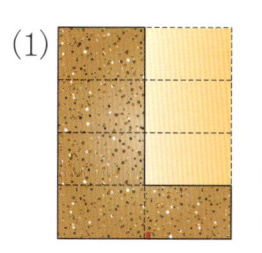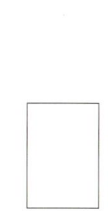

(2)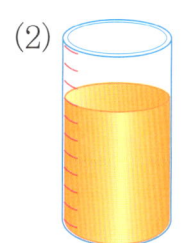

2. 오른쪽 도형을 $\dfrac{11}{15}$ 만큼 색칠하려고 합니다.

몇 칸을 더 색칠해야 합니까?

[답]

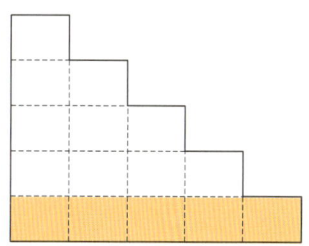

3. 왼쪽 그림이 나타내는 분수의 크기만큼 오른쪽 그림에 색칠하여 보시오.

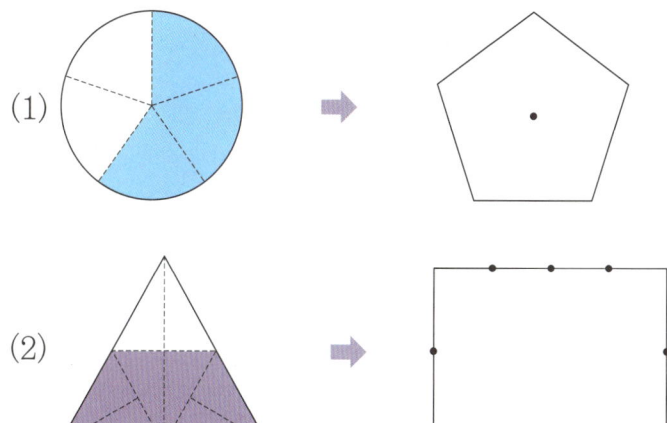

(1)

(2)

F-354b

다음은 정아네 반 학생들이 좋아하는 꽃을 조사한 것입니다. 물음에 답하시오. (4~7)

[학생들이 좋아하는 꽃]

이름	꽃	이름	꽃	이름	꽃	이름	꽃
정아	튤립	현지	장미	현수	튤립	신영	국화
민준	장미	세진	백합	소현	장미	용희	백합
시연	국화	예진	장미	동훈	국화	지혜	장미

4. 용희가 좋아하는 꽃은 무엇입니까?　　　　[답]

5. 조사한 것을 보고 표로 나타내어 보시오.

[좋아하는 꽃별 학생 수]

꽃	튤립	장미	국화	백합	계
학생 수(명)					

6. 국화를 좋아하는 학생은 몇 명입니까?　　　　[답]

7. 모두 몇 명의 학생을 조사하였습니까?　　　　[답]

 확인 학습

F-355a

★ 이름 :

★ 날짜 :

★ 시간 :　　시　　분 ~ 　　시　　분

확인

🐸 다음은 지선이네 반 학생들이 좋아하는 주스를 조사하여 표로 나타낸 것입니다. 물음에 답하시오.(1~3)

[좋아하는 주스별 학생 수]

주스	오렌지	포도	딸기	사과	계
학생 수(명)	4	2	5	3	14

1. 좋아하는 주스별 학생 수만큼 ○표를 하여 그래프로 나타내어 보시오.

[좋아하는 주스별 학생 수]

학생 수(명)　주스	오렌지	포도	딸기	사과
5				
4				
3				
2				
1				

2. 가장 많은 학생이 좋아하는 주스는 무엇이며, 좋아하는 학생은 몇 명입니까?

[답]　　　　　　　　　,

3. 가장 적은 학생이 좋아하는 주스는 무엇입니까?

[답]

확인 학습

F-355b

👻 다음은 희찬이네 반 학생들이 좋아하는 곤충을 조사하여 그래프로 나타낸 것입니다. 물음에 답하시오.(4~6)

[좋아하는 곤충별 학생 수]

학생 수(명) \ 곤충	개미	나비	벌	잠자리
6		○		
5		○		○
4	○	○		○
3	○	○	○	○
2	○	○	○	○
1	○	○	○	○

4. 잠자리를 좋아하는 학생은 몇 명입니까?

[답]

5. 나비를 좋아하는 학생은 벌을 좋아하는 학생보다 몇 명 더 많습니까?

[답]

6. 그래프를 보고 표로 나타내어 보시오.

[좋아하는 곤충별 학생 수]

곤충	개미	나비	벌	잠자리	계
학생 수(명)					

☕ 확인 학습

🌸 이름 :

🌸 날짜 :

🌸 시간 :　시　분 ~　시　분

확인 ⭐

🐸 □를 사용하여 곱셈식을 만들고 답을 구하시오.(1~3)

1. 원숭이 한 마리에게 바나나를 5개씩 나누어 주려고 합니다. 바나나가 모두 15개라면 원숭이 몇 마리에게 나누어 줄 수 있습니까?

[식]   [답]

2. 접시 7개에 방울토마토를 똑같이 놓았습니다. 접시에 놓인 방울토마토가 모두 63개라면 한 접시에 몇 개씩 놓았습니까?

[식]   [답]

3. 혜진이는 학습지를 하루에 7쪽씩 푼다고 합니다. 혜진이가 푼 쪽수가 모두 42쪽이라면 며칠 동안 학습지를 풀었습니까?

[식]   [답]

4. 곱셈식에 알맞은 문제를 만들어 보시오.

$$\boxed{\square \times 5 = 20}$$

_____

_____

5. 그림을 보고 규칙을 찾아 열째 번의 모양을 완성하시오.

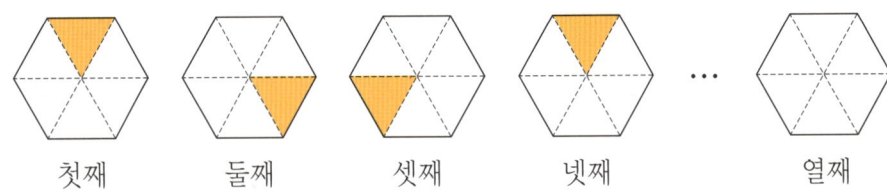

첫째　　둘째　　셋째　　넷째　　…　　열째

6. 규칙을 찾아 여섯째 번에 놓일 구슬은 몇 개인지 구하시오.

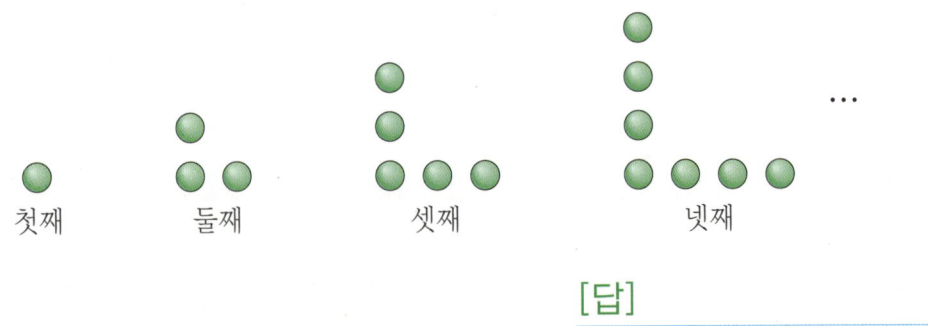

첫째　　둘째　　셋째　　넷째　　…

[답]

7. [보기]와 같이 색칠한 부분의 수는 양옆에 있는 두 수의 곱입니다. 빈 칸에 알맞은 수를 써넣으시오.

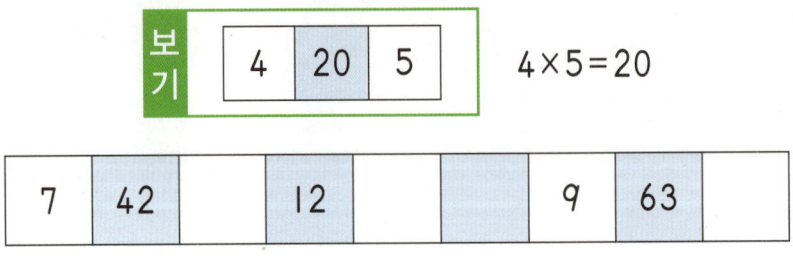

보기	4	20	5	4×5=20

7	42		12			9	63	

✿ 이름 :

✿ 날짜 :

✿ 시간 :   시   분 ~   시   분

확인

1. 규칙을 찾아 16째 번에 놓일 구슬은 무슨 색깔인지 알아보시오.

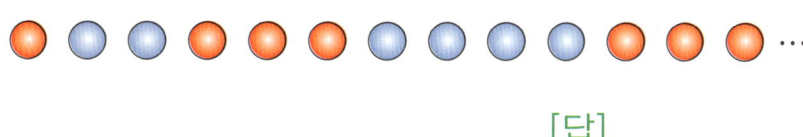

[답]

2. 달력의 일부분이 찢어져 있습니다. 물음에 답하시오.

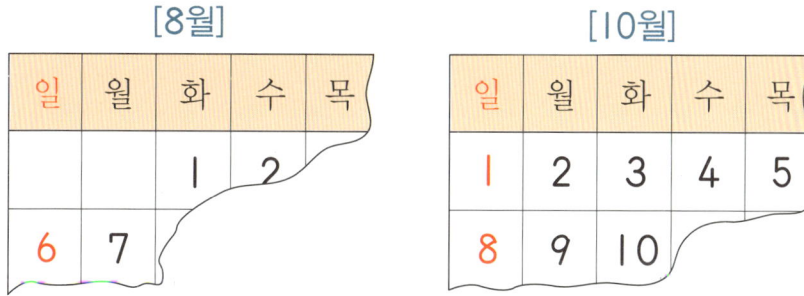

(1) 8월 달력에서 셋째 주 수요일은 며칠입니까?

[답]

(2) 10월 달력에서 셋째 주 토요일은 며칠입니까?

[답]

(3) 8월 달력에서 셋째 주 화요일인 날짜는 10월 달력에서 몇째 주 무슨 요일입니까?

[답]

확인 학습

3.

[12월]

일	월	화	수	목
	1	2	3	4
7	8	9		

12월 달력에서 크리스마스는 몇째 주 무슨 요일입니까?

[답]

4. 영진이는 구슬치기를 하여 현석이에게 18개를 따고 민호에게 25개를 잃어서 15개가 되었습니다. 영진이가 처음에 가지고 있던 구슬은 몇 개입니까?

[답]

5. 미혜는 자리를 오른쪽으로 4칸, 앞으로 3칸 옮겨서 아래와 같은 자리에 앉게 되었습니다. 옮기기 전에 미혜의 자리는 어디였는지 ★표 하시오.

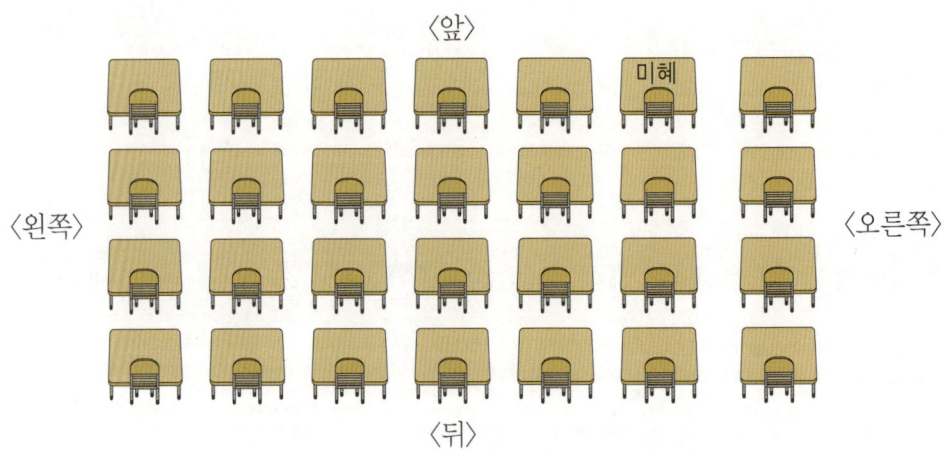

★ 이름 :

★ 날짜 :

★ 시간 :　　시　　분 ~ 　　시　　분

확인

🌐 창의력 학습

유정이는 합이 11~18인 한 자리 수의 덧셈식을 만들고 있습니다. 그런데 유정이가 어려워 하고 있습니다. 여러분이 유정이를 도와 □ 안에 알맞은 덧셈식을 써넣어 알아보시오.

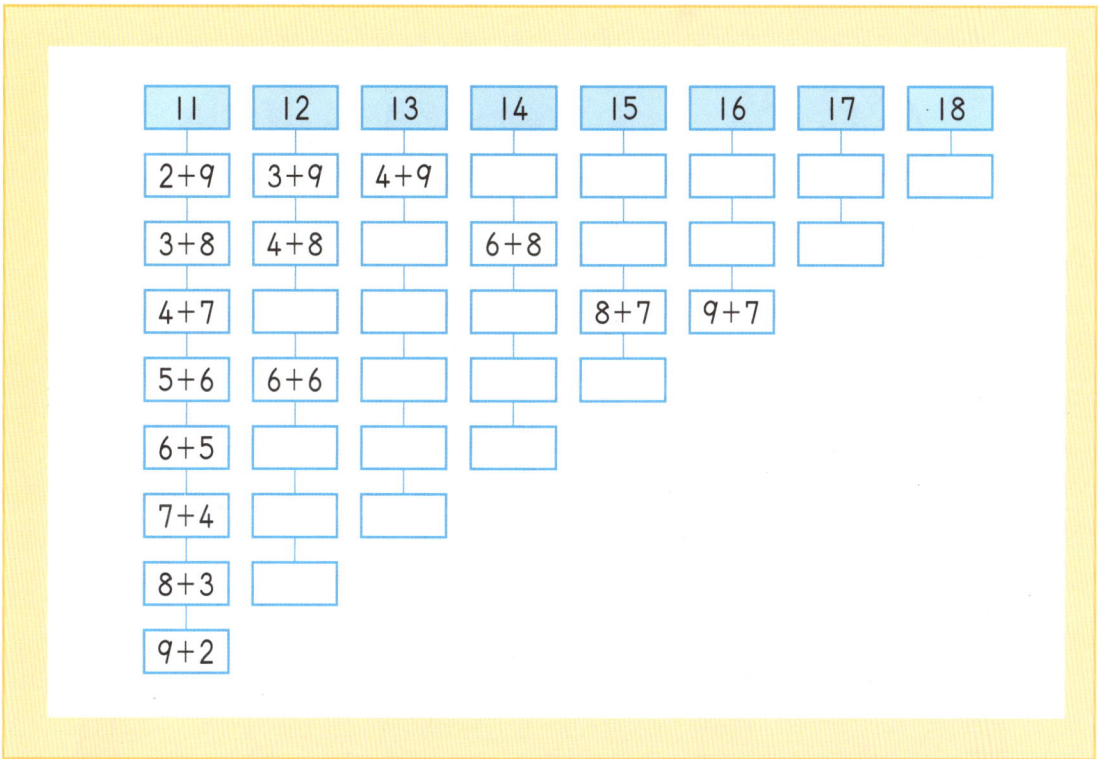

11	12	13	14	15	16	17	18
2+9	3+9	4+9					
3+8	4+8		6+8				
4+7				8+7	9+7		
5+6	6+6						
6+5							
7+4							
8+3							
9+2							

◉ 5+7 을 찾아 파란색으로 칠해 보시오.

◉ 9+4 를 찾아 노란색으로 칠해 보시오.

◉ 8+9 를 찾아 빨간색으로 칠해 보시오.

13개의 성냥개비로 사각형 모양의 방 6개를 만들었습니다. 그런데 성냥개비 한 개를 없앤 다음, 12개의 성냥개비로 역시 6개의 방을 만들려면 어떻게 해야 합니까?(단, 방 모양은 달라도 됩니다.)

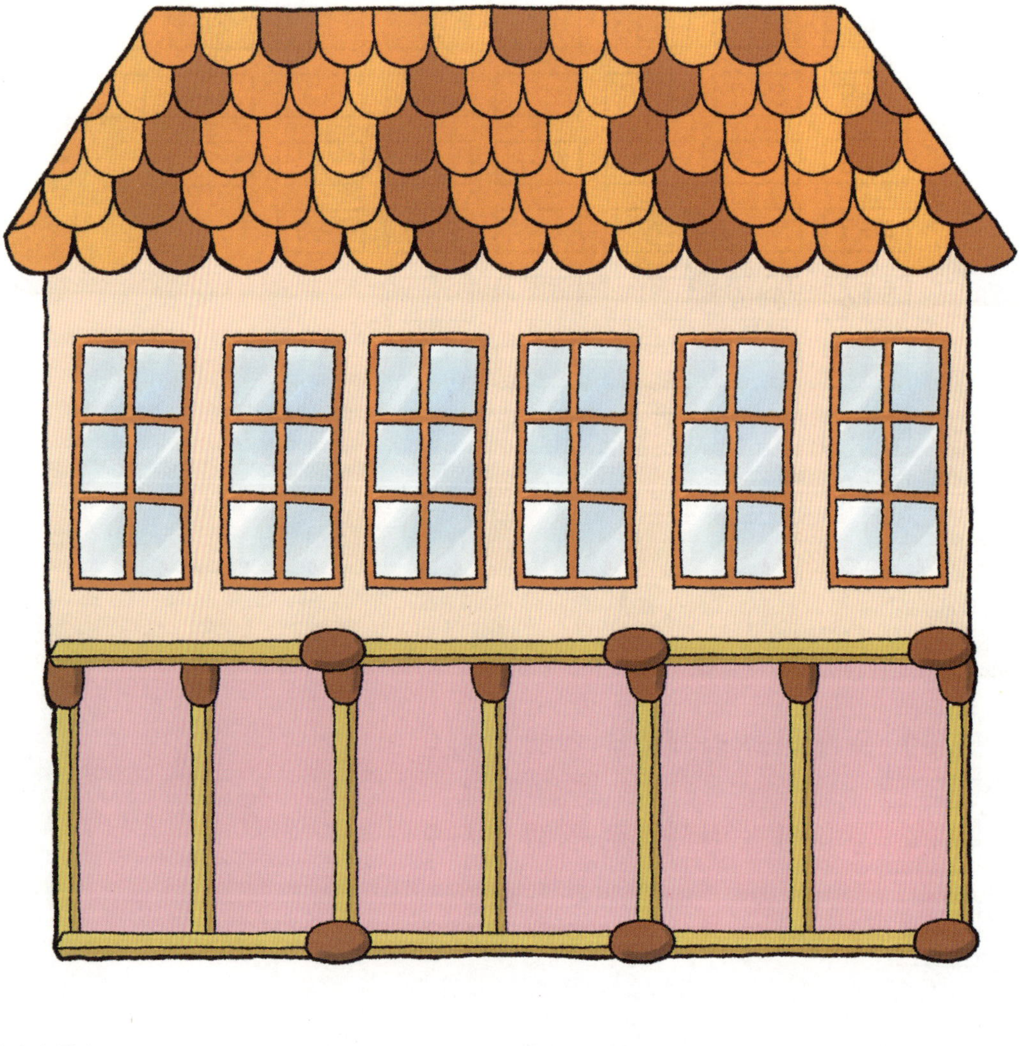

★ 이름 :

★ 날짜 :

★ 시간 :   시   분 ~   시   분

확인

경시 대회 예상 문제

1. ⬜1, ⬜2, ⬜3, ⬜4, ⬜6 5장의 숫자 카드를 한 번씩만 모두 사용하여 다음과 같은 식을 만들려고 합니다. ⬜ 안에 알맞은 카드의 숫자를 써 넣으시오.

$$\boxed{} \times \boxed{} - \boxed{} = \boxed{2}\,\boxed{1}$$

2. ●가 될 수 있는 수를 모두 쓰시오.

- ●는 0보다 크고 10보다 작은 수입니다.
- ●의 5배는 20보다 큽니다.
- ●의 6배는 42보다 작습니다.

[답]

3. 0부터 9까지의 숫자 중에서 ⬜ 안에 들어갈 수 있는 숫자들의 합은 얼마인지 쓰시오.

$$203+454 > 123+53\boxed{}$$

[답]

4. 형진이는 장난감 자동차를 ㉮ 위치에서 출발하여 ㉯ 위치에서 멈추도록 움직였습니다. 장난감 자동차가 움직인 거리는 약 몇 cm입니까?

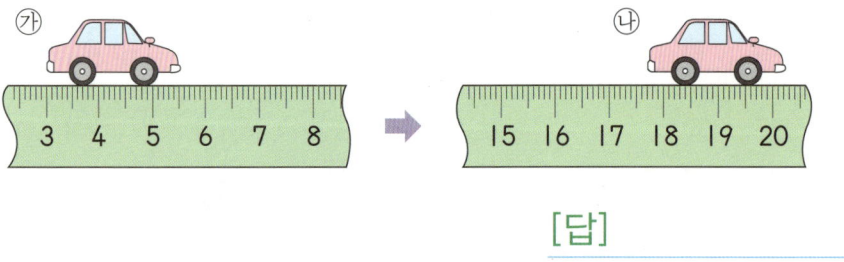

[답]

5. 길이가 1 m 15 cm인 종이테이프 3개를 그림과 같이 같은 간격으로 겹쳐 이었더니 전체 길이가 3 m 5 cm였습니다. 겹쳐진 부분 한 개의 길이는 몇 cm입니까?

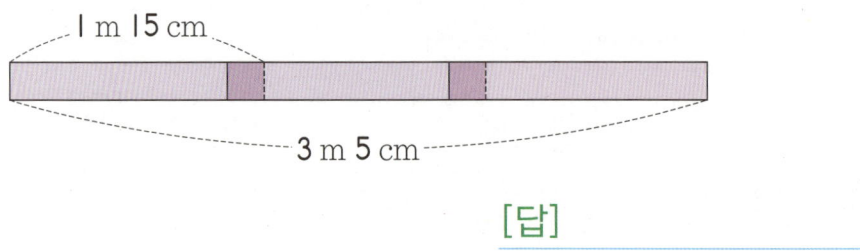

[답]

6. ㉮★㉯=㉮+㉮−㉯로 약속할 때, 다음 계산을 하시오.

355★238

[답]

7. 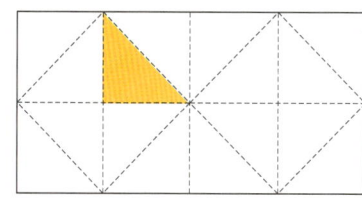 색칠된 부분은 어떤 모양을 똑같이 4로 나눈 것 중의 1입니다. 나누기 전의 처음 모양을 그려 보시오.

8. 수연이는 반 학생들이 좋아하는 색깔을 조사하여 표로 나타내었습니다. 표를 보고 남학생은 ◯표, 여학생은 △표를 하여 그래프로 나타내어 보시오.

[좋아하는 색깔별 학생 수]

색깔	파랑	초록	빨강	노랑
남학생 수(명)	2	5	3	4
여학생 수(명)	5	2	4	3

[좋아하는 색깔별 학생 수]

5								
4								
3								
2								
1								
학생 수 (명) \ 색깔	남	여	남	여	남	여	남	여
	파랑		초록		빨강		노랑	

9. 어떤 수에 6을 곱하고 152를 더한 다음 68을 뺐더니 132가 되었습니다. 어떤 수는 얼마입니까?

[답]

10. 규칙에 따라 ⬤와 ⬜를 늘어놓았습니다. 여섯째 번에 놓일 ⬤와 ⬜의 차는 몇 개입니까?

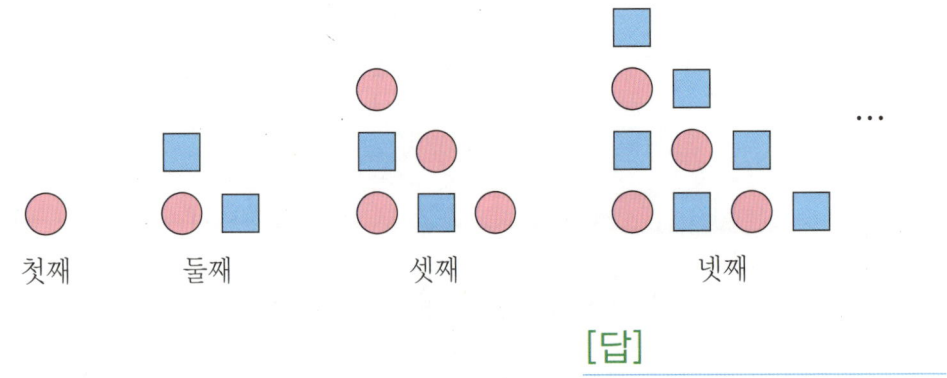

[답]

11. 규칙에 따라 빈칸에 알맞은 모양을 그리고 색칠하시오.

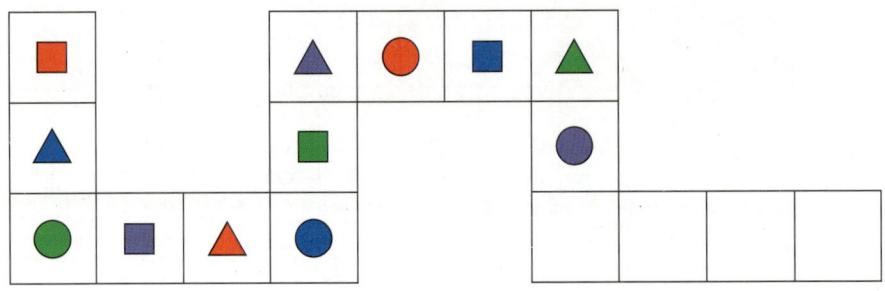

1. 4×6과 곱이 같은 것에 모두 ◯표 하시오.

> 2×9   6×4   8×3   7×2   5×6

2. ☐ 안에 들어갈 수가 가장 큰 것은 어느 것입니까?

① 4×☐=28   ② 9×☐=54   ③ ☐×8=40

④ ☐×7=56   ⑤ ☐×4=12

3. 곱셈표에서 빨간색 선으로 둘러싸인 수들에는 어떤 규칙이 있습니까?

×	1	2	3	4	5	6	7	8	9
1	1	2	3	4	5	6	7	8	9
2	2	4	6	8	10	12	14	16	18
3	3	6	9	12	15	18	21	24	27

[답]

4. 두 수의 합과 차를 각각 구하시오.

> 546, 243

[답] 합 _____ , 차 _____

5. 두 수 중 어떤 수가 542에 더 가까운지 알아보시오.

> 412, 674

[답] _____

6. 상자 안의 수들을 오른쪽 빈 곳에 알맞게 한 번씩 넣어서 같은 줄에 있는 세 수의 합이 469가 되도록 만드시오.

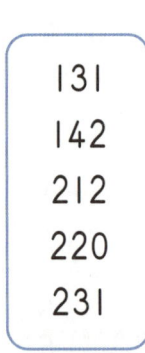

131
142
212
220
231

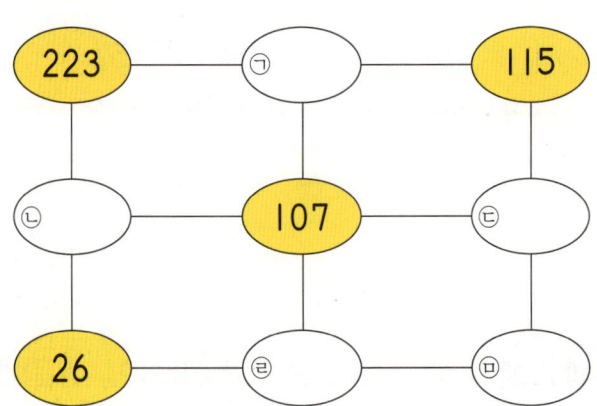

7. 색 테이프의 길이는 몇 m 몇 cm입니까?

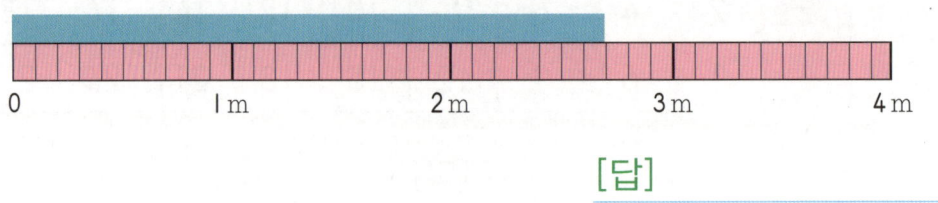

[답] _____

8. 연필의 길이를 알아보시오.

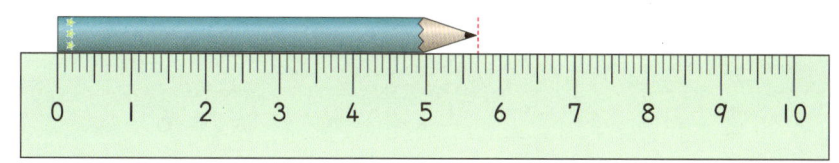

(1) 연필의 길이는 ☐ cm 조금 ☐ 됩니다.

(2) 연필의 길이는 약 ☐ cm입니다.

9. 계산을 하시오.

(1)   3 m 37 cm
     + 5 m 23 cm
   _____

(2)   7 m 40 cm
     − 2 m 28 cm
   _____

10. 상자 안의 수들을 ☐ 안에 알맞게 한 번씩 넣어서 덧셈식이나 뺄셈식을 만드시오.

931, 528, 416, 369

(1) ☐ + ☐ =944   (2) ☐ − ☐ =562

11. 빈 곳에 알맞은 수를 써넣으시오.

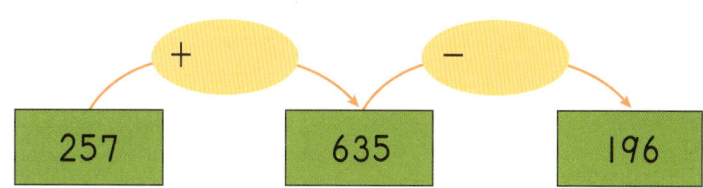

257   +   635   −   196

12. ☐ 안에 알맞은 숫자를 써넣으시오.

(1)
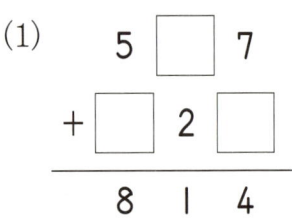

(2)
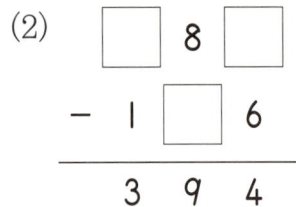

13. 똑같이 넷으로 나눈 것을 모두 찾아 ◯표 하시오.

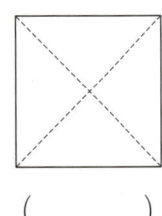 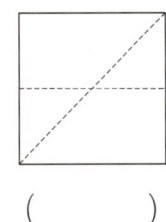 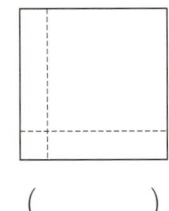 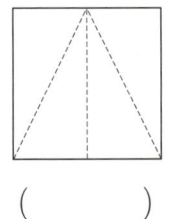

(   )   (   )   (   )   (   )

14. 주어진 분수만큼 색칠하시오.

(1)
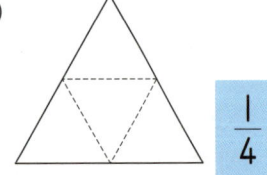

(2)
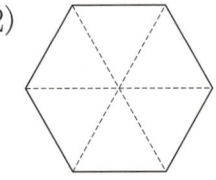

15. 전체에 대하여 색칠한 부분의 크기를 분수로 쓰고, 읽어 보시오.

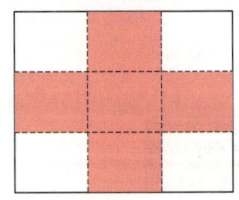

쓰기 (   )

읽기 (   )

다음은 선희네 반 학생들이 좋아하는 운동을 조사한 것입니다. 조사한 것을 보고 물음에 답하시오.(16~17)

[학생들이 좋아하는 운동]

이름	운동	이름	운동	이름	운동	이름	운동
선희	축구	경일	축구	민지	수영	건장	수영
영란	수영	지현	줄넘기	훈철	축구	현경	축구
병수	축구	기홍	태권도	은혜	수영	민근	태권도

16. 위에서 조사한 것을 보고 다음 표를 완성하시오.

[좋아하는 운동별 학생 수]

운동	축구	수영	줄넘기	태권도	계
학생 수(명)					

17. 16번의 표를 보고 좋아하는 운동별 학생 수만큼 ○표를 하여 그래프로 나타내어 보시오.

[좋아하는 운동별 학생 수]

5				
4				
3				
2				
1				
학생 수(명) \ 운동	축구	수영	줄넘기	태권도

18. 일정한 규칙에 따라 색종이를 늘어놓았습니다. 17째 번에 놓인 색종이는 무슨 색깔인지 알아보시오.

[답]

19. 일정한 규칙에 따라 바둑돌을 늘어놓았습니다. 여섯째 번에는 몇 개의 바둑돌을 놓아야 하는지 알아보시오.

첫째	●
둘째	● ● ● ●
셋째	● ● ● ● ● ● ●
넷째	● ● ● ● ● ● ● ● ● ●

[답]

20. 그림과 같이 빈칸에 1부터 차례로 수를 넣으려고 합니다. 색칠된 칸에 넣어야 하는 수를 구하시오.

		7	6	5	4	3	2	1
		▨						
					43			

[답]

301a
1. 5자루
2. 예 □나 ○로 나타냅니다.
3. 5, 20

301b
4. 6개
5. 예 □나 ○로 나타냅니다.
6. 6, 30

302a
1. $4 \times \square = 12$　2. $6 \times \square = 54$
3. $\square \times 7 = 14$　4. $\square \times 5 = 15$

302b
5. 8, 16　　6. 8, 72
7. 예 영환이네 반 학생 수가 28명이면 몇 조가 달리기 시합을 했습니까?

303a
1. $4 \times \bigcirc = 20$
2. 예
, 5
3. 5　　　　4. 5마리

303b
5. [식] $9 \times \square = 36$　　[답] 4명
풀이 사탕을 9개씩 묶으면 4묶음이므로 4명이 먹을 수 있습니다.
6. [식] $8 \times \square = 56$　　[답] 7개
풀이 $8 \times 7 = 56$ ➡ $\square = 7$(개)
7. [식] $3 \times \square = 24$　　[답] 8대
풀이 $3 \times 8 = 24$ ➡ $\square = 8$(대)

304a
1. $\bigcirc \times 3 = 18$
2. 예
, 6
3. 6　　　　4. 6개

304b
5. [식] $\square \times 7 = 35$　　[답] 5개
풀이 7묶음이 되려면 5개씩 묶으면 되므로 한 봉지에 5개씩 담으면 됩니다.

6. [식] $\square \times 5 = 10$　　[답] 2개
풀이 $2 \times 5 = 10$ ➡ $\square = 2$(개)
7. [식] $\square \times 4 = 32$　　[답] 8조각
풀이 $8 \times 4 = 32$ ➡ $\square = 8$(조각)

305a
1. [식] $5 \times \square = 45$　　[답] 9팀
풀이 $5 \times 9 = 45$ ➡ $\square = 9$(팀)
2. [식] $6 \times \square = 42$　　[답] 7통
풀이 $6 \times 7 = 42$ ➡ $\square = 7$(통)
3. [식] $\square \times 9 = 63$　　[답] 7쪽
풀이 $7 \times 9 = 63$ ➡ $\square = 7$(쪽)
4. [식] $\square \times 8 = 16$　　[답] 2송이
풀이 $2 \times 8 = 16$ ➡ $\square = 2$(송이)

305b
5. [식] $9 \times \square = 27$　　[답] 3칸
풀이 $9 \times 3 = 27$ ➡ $\square = 3$(칸)
6. [식] $\square \times 6 = 48$　　[답] 8 cm
풀이 $8 \times 6 = 48$ ➡ $\square = 8$(cm)
7. [식] $4 \times \square = 16$　　[답] 4개
풀이 $4 \times 4 = 16$ ➡ $\square = 4$(개)
8. [식] $\square \times 7 = 21$　　[답] 3개
풀이 $3 \times 7 = 21$ ➡ $\square = 3$(개)

306a
1. 초록색　　2. 빨간색
3. 파란색
4. 초록색
풀이 $3 \times 3 = 9$이므로 규칙이 3번 되풀이되고, $10 = 9 + 1$이므로 열째 번에 놓인 색종이는 첫째 번과 같은 초록색입니다.

306b
5. 노란색
풀이 빨간색, 노란색, 초록색, 파란색의 4가지 나비가 되풀이됩니다.
$4 \times 2 = 8$이므로 규칙이 2번 되풀이되고, $10 = 8 + 2$이므로 열째 번의 나비는 둘째 번과 같은 노란색입니다.

6. 🕐

풀이 🕐🕐🕐 모양이 되풀이되는 규칙입니다. 3×3=9(째 번)까지 규칙이 3번 되풀이되므로 아홉째 번은 🕐 모양입니다.

7. 서쪽

풀이 4개의 그림이 묶여서 되풀이되는 규칙입니다. 11=4+4+3이므로 11째 번에 놓일 바둑돌은 셋째 번 바둑돌의 위치와 같습니다.

307a

1. 1개　　　　2. 3개

3. 2

풀이 1개　3개　5개　7개
　　　＋2　＋2　＋2
바둑돌이 2개씩 늘어나는 규칙입니다.

4. 11개

풀이 (다섯째 번)=7+2=9(개)
(여섯째 번)=9+2=11(개)

307b

5. 10개

풀이 2개, 4개, 6개, 8개, …로 2개씩 늘어나는 규칙이므로 다섯째 번에 놓일 바둑돌은 10개입니다.

6. 16개

풀이 4개, 8개, 12개, …로 4개씩 늘어나는 규칙이므로 넷째 번에 놓일 바둑돌은 16개입니다.

7. 21개

풀이 1개, 3개, 6개, 10개, …로 2개, 3개, 4개, …씩 늘어나는 규칙이므로 다섯째 번에 15개, 여섯째 번에는 21개의 바둑돌이 놓입니다.

308a

1. 1일　　　2. 8일　　　3. 7

4. 15일

풀이 8+7=15(일)

308b

5. 16일

풀이 첫째 주 목요일이 2일이므로 셋째 주 목요일은 2+7+7=16(일)입니다.

6. 23일

풀이 둘째 주 화요일이 9일이므로 넷째 주 화요일은 9+7+7=23(일)입니다.

7. 19일

풀이 첫째 주 토요일이 5일이므로 셋째 주 토요일은 5+7+7=19(일)입니다.

309a

1. 파란색

풀이 빨간색, 파란색, 초록색의 3가지 전구가 되풀이됩니다.
3×3=9이고 11=9+2이므로 11째 번에 켜지는 전구는 둘째 번과 같은 파란색입니다.

2. ◪

풀이 ◪◩◪◩ 모양이 되풀이되는 규칙입니다.
4×2=8이고 9=8+1이므로 아홉째 번은 첫째 번과 같은 ◪ 모양입니다.

3. 29번

풀이 가 열 다섯째 자리 : 5번
나 열 다섯째 자리 : 5+8=13(번)
다 열 다섯째 자리 : 13+8=21(번)
라 열 다섯째 자리 : 21+8=29(번)

309b

4. 16개

풀이 바둑돌의 수를 차례로 쓰면
1개　2개　4개　7개
　　＋1　＋2　＋3
입니다.
(다섯째 번)=7+4=11(개)
(여섯째 번)=11+5=16(개)

5. 17개

풀이 1개, 5개, 9개, …로 4개씩 늘어
나는 규칙입니다.
(넷째 번)=9+4=13(개)
(다섯째 번)=13+4=17(개)

6. 18일

풀이 첫째 주 수요일이 4일이므로 셋째
주 수요일은 4+7+7=18(일)입니다.

310a

1. 9   **2.** 9, 12   **3.** 12, 7

4. (7, 12, 5, 3), 7

풀이 9+3=12, 12−5=7

310b

5. 200, 148, 52, 63

풀이 거꾸로 생각하여 계산합니다.
85+63=148, 148+52=200

6. 17, 35, 18, 70

풀이 거꾸로 생각하여 계산합니다.
105−70=35, 35−18=17

7. 220, 375

풀이 거꾸로 생각하여 계산합니다.
26+349=375, 375−155=220

8. 612, 364

풀이 거꾸로 생각하여 계산합니다.
500−136=364, 364+248=612

311a

1. (900, 500), 900원

풀이 250+250=500,
500+400=900

2. 8명

풀이 6명이 집으로 돌아가기 전의 어
린이 수 ➡ 7+6=13(명)
5명이 더 오기 전의 어린이 수
➡ 13−5=8(명)

3. 21자루

풀이 8자루를 사기 전의 연필 수
➡ 24−8=16(자루)
5자루를 동생에게 주기 전의 연필 수
➡ 16+5=21(자루)

311b

4. 17명

풀이 8명이 내리기 전의 승객 수
➡ 23+8=31(명)
14명이 타기 전의 승객 수
➡ 31−14=17(명)

5. 100원

풀이 형에게 400원을 받기 전에 가지
고 있던 돈
➡ 800−400=400(원)
누나에게 300원을 받기 전에 가지고
있던 돈
➡ 400−300=100(원)

6.

풀이 거꾸로 옮겨서 처음 위치를 알
아봅니다.
앞으로 2칸 옮기기 전의 위치
➡ 뒤로 2칸 옮깁니다.
오른쪽으로 3칸 옮기기 전의 위치
➡ 왼쪽으로 3칸 옮깁니다.

312a

1. (1) [식] 7×□=49   [답] 7팀
(2) [식] □×9=36   [답] 4 cm

2. 예 긴 의자 한 개에 3명씩 앉을
수 있습니다. 12명이 앉으려면
긴 의자는 몇 개 있어야 합니까?

3. 초록색

풀이 (빨, 파, 초, 보, 노)의 5가지 색
연필이 되풀이됩니다.
5×2=10이고 13=10+3이므로 13
째 번의 색연필은 셋째 번과 같은 초
록색입니다.

312b

4. 16개

풀이 4×4=16(개)

5. 24일

풀이 둘째 주 토요일이 10일이므로 넷째 주 토요일은 10+7+7=24(일)입니다.

6. 41개

풀이 언니에게서 18개를 받기 전의 구슬 수 ➡ 50-18=32(개)
동생에게 9개를 주기 전의 구슬 수 ➡ 32+9=41(개)

313a

1. 100, 10, 1, 50

2. ◇ ▽ △,

313b

(가) 기영　　(나) 혜주
(다) 영환　　(라) 진아

314a

1. 3개

풀이 50-26=24 (cm)
8×□=24 ➡ □=3(개)

2. 7쪽

풀이 100-44=56(쪽)
□×8=56 ➡ □=7(쪽)

3. 20번

풀이 첫째 줄 넷째 칸 : 4번
둘째 줄 넷째 칸 : 4+8=12(번)
셋째 줄 넷째 칸 : 12+8=20(번)

314b

4. 18개

풀이 첫째 번 : 1×3=3(개)
둘째 번 : 2×3=6(개)
셋째 번 : 3×3=9(개)
넷째 번 : 4×3=12(개)
다섯째 번 : 5×3=15(개)
여섯째 번 : 6×3=18(개)

5. 19개

풀이 3+(2×8)=3+16=19(개)

6.

풀이 색칠된 칸이 시계 방향으로 1칸씩 움직이는 규칙입니다.

 ((①, ③)), ((②, ④)), ((③, ⑤)), …
이므로 여덟째 번은 ((⑧, ②))입니다.

따라서 아홉째 번은 ((①, ③))입니다.

315a
경시 대회 예상 문제

7. 6

풀이 거꾸로 생각하여 계산합니다.
57+43=100, 100-85=15,
15+15=30
★×5=30 ➡ 6×5=30, ★=6

8. 30장

풀이 문구점에 가서 사기 전의 색종이 수 ➡ 35-20=15(장)
동생과 똑같이 나누어 가지기 전의 색종이 수 ➡ 15+15=30(장)

9. 3일

풀이 셋째 주 토요일은 15+2=17(일)입니다. 따라서 첫째 주 토요일은 17-7-7=3(일)입니다.

315b
경시 대회 예상 문제

10. 15, 21, 28에 색칠을 합니다.

풀이
1　3　6　10
　+2　+3　+4
이므로 10+5=15, 15+6=21,
21+7=28에 색칠을 합니다.

11. 71

풀이 85에서 거꾸로 2씩 7번 건너 뛴 수와 같으므로 71입니다.

316a

1. 5, 15　　　**2.** 8, 48
3. 4, 8　　　**4.** 7, 56

316b

5. 35　　**6.** 24　　**7.** 28
8. 12　　**9.** 3　　**10.** 5
11. 6　　**12.** 4　　**13.** 2
14. 9　　**15.** 0　　**16.** 7

317a
1. 24
2. 8, 56
3. 18, 6, 72
4.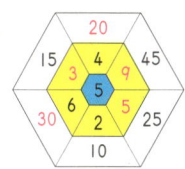

317b
5. 5씩 커지는 규칙이 있습니다.
6.

×	4	5	6	7	8	9
4	16	20	24	28	32	36
5	20	25	30	35	40	45
6	24	30	36	42	48	54
7	28	35	42	49	56	63
8	32	40	★	56	64	72
9	36	45	54	63	72	81

7. 6×8=48, 8×6=48
8. (2, 14), (2, 14)

318a
1. (1) = (2) > (3) < (4) =
2. (1) 2 (2) 4 (3) 4 (4) 9
3. (3, 2, 18), (5, 2, 18),
   (5, 3, 18)

318b
4. [식] 4×3=12   [답] 12장
5. [식] 7×8=56   [답] 56명
6. [식] 3×7=21   [답] 21개
7. [식] 8×5=40   [답] 40마리

319a
1. 600   2. 300   3. 850
4. 320   5. 766   6. 661
7. 598   8. 252

319b
9. 700   10. 300   11. 350
12. 120   13. 496   14. 492
15. 945   16. 238   17. 827
18. 657

320a
1. (1) 300 (2) 500 (3) 800
2. (1) 300 (2) 400 (3) 100

320b
3. (1) 700쯤 (2) 600쯤
4. (1) 554, 578
   (2) 500, 78, 578
5. (1) 365, 331
   (2) 300, 31, 331

321a
1. ① 998,   ② 517,
   ③ 231,   ④ 250
2. 468, 468, 214
3. (1) (일의 자리부터) 2, 0, 1
   (2) (일의 자리부터) 7, 5, 6

321b
4. [식] 140+130=270
   [답] 270명
5. [식] 270−250=20
   [답] 20개
6. [식] 216+123=339
   [답] 339점
7. [식] 258−216=42
   [답] 42쪽

322a
1. 300   2. 600   3. 8
4. 4   5. 3, 60   6. 8, 46
7. 7, 12 8. 2, 8   9. 550
10. 623   11. 476   12. 905

322b
13. 2, 30   14. 2, 40
15. 2, 20   16. 2, 50

323a
1. (4, 더), 4   2. (7, 못), 7
3. (5, 더), 5

323b
4. 8, 85   5. 4, 53   6. 6, 40
7. 1, 45   8. 5, 79   9. 1, 44
10. 10, 81   11. 3, 19

324a
1. 2 m 80 cm
2. 5 cm 조금 못 됩니다, 약 5 cm
3. 예┠————————------
풀이 약 4 cm인 선분이므로, 4 cm 조금 못 되거나 4 cm 조금 더 되는 곳까지 그립니다.
4. 약 12 m
풀이 민재가 던진 공은 12 m 조금 못 되는 곳에 떨어졌습니다. 따라서 약 12 m 날아갔습니다.

324b
5. 수경, 성빈, 동민
6. 약 3 m
7. (1) 3 m 63 cm (2) 1 m 27 cm

325a
1. 707   2. 271   3. 928
4. 332   5. 510   6. 204
7. 613   8. 658

325b
9. 345   10. 524   11. 624
12. 409   13. 710   14. 786
15. 920   16. 518   17. 397
18. 936

326a
1. 190, 930   2. 220, 320
3.
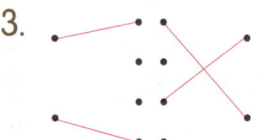

326b
4. 716, 118
5. (2, 664, 662), (650, 12, 662)
6. (5, 272, 277),
   (2, 5, 270, 7, 277)

327a
1. (1) =   (2) >
2. (1) (일의 자리부터) 0, 6, 5
   (2) (일의 자리부터) 5, 4, 8
3. (1) 681, 596   (2) 371, 535

327b
4. [식] 135+189=324
   [답] 324쪽
5. [식] 365-256=109
   [답] 109일
6. [식] 164+116-90=190
   [답] 190장
7. [식] 223-66+43=200
   [답] 200명

328a 창의력 학습
(1) 12와 17, 13과 16, 14와 15
(2) 15와 12, 16과 13, 17과 14
   17과 16, 15와 14, 13과 12

328b 창의력 학습
예
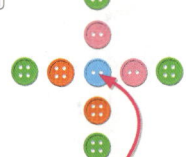
겹치면 양쪽 모두 6개가 됩니다.

329a 경시 대회 예상 문제
1. 3, 8
풀이 곱해서 24가 되는 두 수는 (3, 8), (4, 6)입니다. 이 중에서 두 수의 합이 11인 두 수는 (3, 8)이고 ●>▲이므로 ▲=3, ●=8입니다.
2. 12
풀이 3×6=18, 6×5=30, 4×5=20 ➡ ㉠=3×4=12
3. 8씩 커지는 규칙이 있습니다.

329b 경시 대회 예상 문제
4. 381
풀이 • 31+▲=●, 31+▲=435
   435-31=▲, ▲=404
   • ■-350=●, ■-350=435
   435+350=■, ■=785
   • ■-▲=785-404=381
5. ① 233, ② 336, ③ 201,
   ④ 120, ⑤ 304

풀이 • 333+①+223=789
556+①=789, ①=233
• 223+③+365=789
588+③=789, ③=201
• ②+252+201=789
②+453=789, ②=336
• 333+336+④=789
669+④=789, ④=120
• 120+⑤+365=789
485+⑤=789, ⑤=304

6. **예** 234+415=649
(415+234=649)
756−352=404
(756−404=352)

 330a

7. (1) 3, 더 (2) 4 (3) 3, 못

8. 약 3 m

풀이 건물의 높이가 4 m이고 눈금 8칸의 높이와 같으므로, 눈금 2칸의 높이는 1 m입니다. 따라서 나무의 높이는 약 3 m입니다.

9. 1 m 40 cm

풀이 ㉯=1 m 43 cm−15 cm
=1 m 28 cm
㉮=1 m 28 cm+12 cm
=1 m 40 cm

 330b

10. 950

풀이 • 913−537=▲, ▲=376
• ●−198=▲, ●−198=376
376+198=●, ●=574
• ▲+●=■, 376+574=■
■=950

11. 464

풀이 첫째 번, 둘째 번 조건에서 세 자리 수는 4□4로 놓을 수 있습니다.
4□4+202=△△△에서 △=6입니다. 따라서 □+0=6에서 □=6입니다.

12. 159

풀이 506−347=159

331a

1. ㉯, ㉮
2. ㉰, ㉲
3. ㉯, ㉳

331b

4. **예**
5. **예**
6. **예**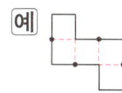
7. **예**
8. **예**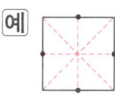
9. **예**

332a

1. 6, 2
2. 4, 1
3. 8, 4
4. 7, 3

332b

5. 4, 1, $\frac{1}{4}$, 4분의 1
6. 5, 4, $\frac{4}{5}$, 5분의 4
7. 6, 3, $\frac{3}{6}$, 6분의 3

333a

1. **예**
2. **예**
3. **예**
4. **예**
5. **예**
6. **예**

333b

7. **예**
8. **예**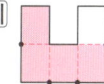
9. **예**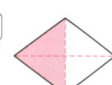
10. **예**
11. **예**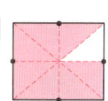
12. **예**

334a
1. $\dfrac{1}{3}$ 2. $\dfrac{2}{5}$ 3. $\dfrac{5}{6}$
4. $\dfrac{6}{8}$ 5. $\dfrac{7}{9}$ 6. $\dfrac{2}{4}$

334b
7. ( ) (○) ( ) ( )
8. (1) $\dfrac{3}{4}$, 4분의 3
   (2) $\dfrac{3}{6}$, 6분의 3
9. $\dfrac{1}{3}$

335a
1. 사과
2. 지윤, 은주, 서윤
3. 아니요

335b
4. 5, 3, 6, 4, 18   5. 5명
6. 귤   7. 18명   8. 예

336a
1.

8				
7			○	
6			○	○
5			○	○
4	○		○	○
3	○	○	○	○
2	○	○	○	○
1	○	○	○	○
학생 수(명) / 간식	과일	햄버거	떡볶이	과자

2. 떡볶이

336b
3.

4	○			
3	○			
2	○	○	○	
1	○	○	○	○
학생 수(명) / 색깔	빨강	파랑	초록	노랑

4. 빨강, 4명   5. 노랑

337a
1. 4, 5, 3, 2, 14
2.

5		○		
4	○	○		
3		○	○	
2	○	○	○	○
1	○	○	○	○
학생 수(명) / 운동	축구	농구	야구	배구

337b
3. 예

계절	봄	여름	가을	겨울	계
학생 수(명)	5	2	4	1	12

4. 예

5	○			
4	○		○	
3	○		○	
2	○	○	○	
1	○	○	○	○
학생 수(명) / 계절	봄	여름	가을	겨울

338a
1. 기린, 2명
2. 사자, 호랑이, 원숭이, 기린
3. 2명

338b
4. 용팀   5. 토끼팀과 곰팀
6. 5, 3, 5, 6, 2, 4, 25

339a
1. 6×□=36   2. 7×□=21
3. □×8=32   4. □×9=81

339b
5. 9, 54   6. 8, 40
7. 예 포장된 빵이 모두 24개였습니다. 빵이 포장된 묶음은 몇 개입니까?

340a
1. [식] 3×□=27   [답] 9봉지
2. [식] □×4=12   [답] 3개
3. [식] 8×□=40   [답] 5개

340b
4. [식] 6×□=48   [답] 8팀
5. [식] □×5=45   [답] 9개
6. [식] 6×□=24   [답] 4개
7. [식] □×9=72   [답] 8명

341a
1. 파란색   2.
3. 36개   풀이 6×6=36(개)

341b　4. 21개
　　　풀이　$1+2+3+4+5+6=21$(개)

　　　5. 16일　　　　6. 22일

342a　1. 19번

　　　2. 15, 18, 21, 24, 27에 색칠합니다.

　　　3. 19개
　　　풀이　$4+3\times5=4+15=19$(개)

342b　4. (20, 7), 20징

　　　5. 950원

　　　6.

343a
창의력
학습
　　　예 (1) $2+3-5=0$
　　　　　(2) $2+4-5=1$
　　　　　(3) $3+4-5=2$
　　　　　(4) $2+5-4=3$

343b
창의력
학습
　　　(1) 예 7일마다 같은 요일이 되풀이됩니다.
　　　(2) 26일

344a
경시 대회
예상 문제
　　　1. 예 　　2. 예

　　　3. $\dfrac{13}{16}$
　　　풀이 $\dfrac{2}{16}$씩 더 색칠하는 규칙입니다.

344b
경시 대회
예상 문제
　　　4.

동물	소	닭	돼지	개	오리	계
수(마리)	6	5	3	7	4	25

7					○	
6	○				○	
5	○	○			○	
4	○	○		○	○	
3	○	○	○	○	○	
2	○	○	○	○	○	
1	○	○	○	○	○	
수(마리)／동물	소	닭	돼지	개	오리	

　풀이 (소와 돼지의 합)
　　　$=25-(5+7+4)=9$(마리)
돼지를 □라고 하면 소는 □$+3$입니다.
　□$+$□$+3=9$ ➡ □$+$□$=6$
　　　　　　　　➡ □$=3$(마리)

　5. 개, 소, 닭, 오리, 돼지

345a
경시 대회
예상 문제
　　　6. 7줄
　　　풀이 $3\times6=18$, $5\times2=10$
　　　　　➡ $18+10=28$(명)
　　　$4\times$□$=28$, □$=7$(줄)

　　　7. 6번
　　　풀이 $9\times2=18$(명)이 탄 후에 19째 번 학생부터 차례로 타므로 수연이는 6번 놀이 기구를 타게 됩니다.

　　　8.

　　　풀이 $20=6+6+6+2$이므로 20째 번에 놓일 바둑돌은 둘째 번 바둑돌의 위치와 같습니다.

345b
경시 대회
예상 문제
　　　9. 31개
　　　풀이 구슬이 바로 앞의 것보다 2개, 4개, 6개, … 더 늘어나는 규칙입니다.
　　　(다섯째 번)$=13+8=21$(개)
　　　(여섯째 번)$=21+10=31$(개)

　　　10. 다섯째 주 금요일
　　　풀이 $31-28=3$(일)이고 3일은 첫째 주 금요일입니다. 따라서 31일은 다섯째 주 금요일입니다.

　　　11. 920장
　　　풀이 저녁에 들여오기 전의 색종이 수
　　　　　➡ $800-250=550$(장)
　　　점심에 팔기 전의 색종이 수
　　　➡ $550+(170+30)=750$(장)
　　　아침에 팔기 전의 색종이 수
　　　➡ $750+170=920$(장)

346a
1. 45　　2. 12　　3. 32
4. 15　　5. 1　　6. 9
7. 6　　8. 4　　9. 8
10. 0　　11. 7　　12. 7

346b
13. (1) 3, 6, 42　(2) 8, 0, 0
　풀이 (1) 3×1=3, 3×2=6,
　　　　　6×7=42
　　　(2) 4×2=8, 8×0=0, 0×6=0
14. 7×9, 8×8
　풀이 7×9=63, 8×8=64
15. ㉁, ㉹, ㉸, ㉠
　풀이 ㉠ 3, ㉁ 6, ㉸ 4, ㉹ 5

347a
1. (1) 4씩 커집니다.
　　(2)~(3)

×	3	4	5	6	7
3	9	12	15	18	21
4	12	16	20	24	28
5	15	20	25	30	35
6	18	24	30	36	42
7	21	28	㉮	42	49

2. (3, 18), (3, 18)　　3. 24

347b
4. [식] 4×9=36　　[답] 36자루
5. [식] 8×4=32　　[답] 32장
6. 21점
　풀이 0×3+1×5+2×2+3×4
　　　=0+5+4+12=21(점)

348a
1. 700　　2. 200　　3. 860
4. 320　　5. 548　　6. 312
7. 950　　8. 230　　9. 693
10. 41

348b
11. (1) 500, 700　(2) 500, 300
12. ㉹, ㉁, ㉠, ㉸
13. (일의 자리부터)
　　(1) 6, 3, 1　　(2) 2, 9, 3

349a
1. [식] 520+260=780
　[답] 780원
2. [식] 930-610=320
　[답] 320자루
3. [식] 386+212=598
　[답] 598개
4. [식] 395-213=182
　[답] 182그루

349b
5. 300　　6. 700　　7. 2
8. 9　　9. 5, 10　　10. 4, 56
11. 3, 27　　12. 6, 7　　13. 120
14. 955　　15. 874　　16. 208

350a
1. (1) 4, 더　(2) 4
2. (1) 6, 못　(2) 6
3. (1) 8, 못　(2) 8

350b
4. 8 m 63 cm　　5. 6 m 25 cm
6. 7 m 71 cm　　7. 3 m 36 cm
8. 6 m 58 cm　　9. 4 m 17 cm
10. 12 m 93 cm　　11. 5 m 23 cm

351a
1. 약 2 m
2. 8 cm 조금 더 됩니다, 약 8 cm
3. 생략
4. 아버지, 1 m 15 cm
　풀이 2 m 20 cm-1 m 5 cm
　　　=1 m 15 cm

351b
5. 571　　6. 452　　7. 953
8. 278　　9. 826　　10. 163
11. 306　　12. 596　　13. 272
14. 601

352a

1. (1) 420, 610　　(2) 420, 230

2. (일의 자리부터)
 (1) 4, 1, 5　　(2) 2, 4, 6

3. 539
 풀이 $287+358-106=539$

352b

4. [식] $389+313=702$ [답] 702명

5. [식] $614-175=439$ [답] 439명

6. [식] $138+118+176=432$
 [답] 432그루

7. [식] $500-152-67=281$
 [답] 281개

353a

1. (○) (　) (　) (○)

2. (　) (○) (○) (　)

3. 예

353b

4.

5. 예 (1)　　(2)
 (3)　　(4)

354a

1. (1) $\frac{5}{8}$　(2) $\frac{7}{10}$

2. 6칸

3. 예 (1)　　(2)

354b

4. 백합

5. 2, 5, 3, 2, 12

6. 3명

7. 12명

355a

1.

5			○	
4	○		○	
3	○		○	○
2	○	○	○	○
1	○	○	○	○
학생 수(명) 주스	오렌지	포도	딸기	사과

2. 딸기, 5명

3. 포도

355b

4. 5명　　　5. 3명

6. 4, 6, 3, 5, 18

356a

1. [식] $5\times\square=15$　　　[답] 3마리
 풀이 $5\times3=15$ ➡ $\square=3$(마리)

2. [식] $\square\times7=63$　　　[답] 9개
 풀이 $9\times7=63$ ➡ $\square=9$(개)

3. [식] $7\times\square=42$　　　[답] 6일
 풀이 $7\times6=42$ ➡ $\square=6$(일)

4. 예 우리 학교 건물은 5층입니다. 건물 전체 높이가 20 m라면 한 층의 높이는 몇 m입니까?

356b

5.

풀이 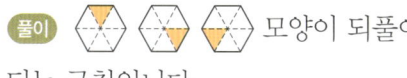 모양이 되풀이 되는 규칙입니다.
$3\times3=9$이고 $10=9+1$이므로 열째 번은 첫째 번과 같은 모양입니다.

6. 11개
 풀이 (다섯째 번)$=7+2=9$(개)
 (여섯째 번)$=9+2=11$(개)

7. 6, 2, 18, 7
 풀이 • $7\times\square=42$
 ➡ $7\times6=42$, $\square=6$
 • $6\times\square=12$
 ➡ $6\times2=12$, $\square=2$
 • $2\times9=\square$, $\square=18$
 • $9\times\square=63$
 ➡ $9\times7=63$, $\square=7$

357a

1. 파란색

풀이 빨간색과 파란색 구슬이 번갈아 가면서 놓이는데 한 개씩 늘어나는 규칙입니다.

$$1+2+3+4+5+1=16(째 번)$$

빨 파 빨 파 빨 파
간 란 간 란 간 란
색 색 색 색 색 색

2. (1) 16일　　　　(2) 21일
　　(3) 셋째 주 일요일

풀이 (1) 첫째 주 수요일이 2일이므로 셋째 주 수요일은 $2+14=16$(일)입니다.

(2) 첫째 주 토요일이 7일이므로 셋째 주 토요일은 $7+14=21$(일)입니다.

(3) 8월 달력에서 셋째 주 화요일은 $1+14=15$(일)이고, 15일은 10월 달력에서 셋째 주 일요일입니다.

357b

3. 넷째 주 목요일

풀이 크리스마스는 12월 25일입니다. $25-21=4$(일)이고, 4일은 첫째 주 목요일입니다. 따라서 25일은 넷째 주 목요일입니다.

4. 22개

풀이 거꾸로 생각하여 계산합니다.
$15+25=40$, $40-18=22$

5.

풀이 거꾸로 옮겨서 처음 위치를 알아봅니다.
앞으로 3칸 옮기기 전의 위치
➡ 뒤로 3칸 옮깁니다.
오른쪽으로 4칸 옮기기 전의 위치
➡ 왼쪽으로 4칸 옮깁니다.

358a

창의력 학습

11	12	13	14	15	16	17	18
2+9	3+9	4+9	5+9	6+9	7+9	8+9	9+9
	3+8	4+8	5+8	6+8	7+8	8+8	9+8
	4+7	5+7	6+7	7+7	8+7	9+7	
	5+6	6+6	7+6	8+6	9+6		
	6+5	7+5	8+5	9+5			
	7+4	8+4	9+4				
	8+3	9+3					
	9+2						

358b 예

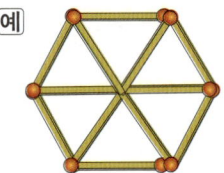

창의력 학습

359a

경시 대회 예상 문제

1. (4, 6, 3) 또는 (6, 4, 3)

풀이 숫자 1, 2는 사용하였으므로 나머지 숫자 카드로 만들 수 있는 곱셈은 $3×4(4×3)$, $3×6(6×3)$, $4×6(6×4)$입니다.

$3×4-6=6(4×3-6=6)(×)$
$3×6-4=14(6×3-4=14)(×)$
$4×6-3=21(6×4-3=21)(○)$

2. 5, 6

풀이 ・$4×5=20$
　　➡ ●는 4보다 커야 합니다.
・$7×6=42$
　　➡ ●는 7보다 작아야 합니다.
・따라서 ●가 될 수 있는 수는 5, 6입니다.

3. 6

풀이 $203+454=657$이므로 $657=123+53\square$에서 $\square=4$입니다. $657>123+53\square$에서 $\square$ 안에 들어갈 수 있는 숫자는 4보다 작은 숫자입니다.
따라서 $0+1+2+3=6$입니다.

359b

경시 대회 예상 문제

4. 약 15 cm

풀이 장난감 자동차의 맨 뒤 꽁무니 부분이 3 cm에서부터 이동하여 18 cm 조금 못 되는 부분까지 갔으므로, 장난감 자동차는 약 15 cm 움직였습니다.

5. 20 cm

풀이 길이가 1 m 15 cm인 종이테이프 3개의 길이는 3 m 45 cm입니다. 따라서 겹쳐진 부분 2개의 길이는 3 m 45 cm－3 m 5 cm＝40 cm이므로 겹쳐진 부분 한 개의 길이는 20 cm입니다.

6. 472

풀이 355★238
＝355＋355－238
＝710－238
＝472

7. 예

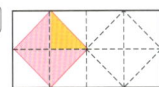

풀이 색칠된 부분을 포함하여 똑같이 넷으로 나눈 모양이 되도록 전체를 그립니다.

8.

학생 수 (명) 색깔	남	여	남	여	남	여	남	여
5		△	○					
4		△	○		△	○		
3		△	○		○	○	△	
2	○	△	△	○	○	○	△	
1	○	△	○	○	○	△	△	
	파랑		초록		빨강		노랑	

9. 8

풀이 거꾸로 생각하여 계산합니다.
132＋68＝200, 200－152＝48
□×6＝48 ➡ 8×6＝48, □＝8

10. 3개

풀이 여섯째 번에 놓일 ⬤의 개수는 1＋3＋5＝9(개)이고, 🟦의 개수는 2＋4＋6＝12(개)입니다. 따라서 ⬤와 🟦의 차는 12－9＝3(개)입니다.

11. 🟥, 🔺, 🟢, 🟪

풀이 모양은 □, △, ○가 반복되고, 색깔은 빨강, 파랑, 초록, 보라가 반복되는 규칙입니다.

1. 6×4, 8×3

풀이 4×6＝24
➡ 6×4＝24, 8×3＝24

2. ④

풀이 ① 4×7＝28 ② 9×6＝54
③ 5×8＝40 ④ 8×7＝56
⑤ 3×4＝12

3. 2씩 커집니다.

4. 789, 303

풀이 합 : 546＋243＝789
차 : 546－243＝303

5. 412

풀이 542－412＝130,
674－542＝132
이므로 412가 542에 더 가깝습니다.

6. ㉠ 131, ㉡ 220, ㉢ 142,
㉣ 231, ㉤ 212

풀이 •223＋㉠＋115＝469
338＋㉠＝469, ㉠＝131
•223＋㉡＋26＝469
249＋㉡＝469, ㉡＝220
•220＋107＋㉢＝469
327＋㉢＝469, ㉢＝142
•131＋107＋㉣＝469
238＋㉣＝469, ㉣＝231
•26＋231＋㉤＝469
257＋㉤＝469, ㉤＝212

7. 2 m 70 cm

풀이 1 m와 2 m 사이는 모두 10칸이므로 작은 눈금 1칸은 10 cm를 나타냅니다. 따라서 색 테이프의 길이는 2 m 70 cm입니다.

8. (1) 6, 못   (2) 6

9. (1) 8 m 60 cm (2) 5 m 12 cm

풀이 (1) 3 m 37 cm＋5 m 23 cm
＝8 m 60 cm
(2) 7 m 40 cm－2 m 28 cm
＝5 m 12 cm

10. (1) 528, 416(416, 528)
　　(2) 931, 369
풀이 (1) 528+416=944
　　　(416+528=944)
(2) 931−369=562

11. 378, 439
풀이 ・257+□=635
　　➡ 635−257=□, □=378
・635−□=196
　　➡ 635−196=□, □=439

12. (일의 자리부터)
　　(1) 7, 8, 2　　(2) 0, 8, 5
풀이 (1) ・일의 자리
　　　7+□=14, □=7
・십의 자리
　1+□+2=11, □=8
・백의 자리
　1+5+□=8, □=2
(2) ・일의 자리
　10+□−6=4, □=0
・십의 자리
　10+8−1−□=9, □=8
・백의 자리
　□−1−1=3, □=5

13. (◯) (　) (　) (◯)

14. 예 (1) 　(2)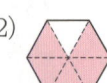

15. $\frac{5}{9}$, 9분의 5

16. 5, 4, 1, 2, 12

17.

운동	축구	수영	줄넘기	태권도
5	◯			
4	◯	◯		
3	◯	◯		
2	◯	◯		◯
1	◯	◯	◯	◯

풀이 그래프를 그릴 때에는 ◯표를 맨 아래에서부터 위쪽으로 한 칸에 하나씩 차례로 그립니다.

18. 빨간색
풀이 빨간색, 파란색, 초록색, 보라색의 4가지 색종이가 되풀이됩니다.
4×4=16이므로 규칙이 4번 되풀이되고, 17=16+1이므로 17째 번에 놓인 색종이는 첫째 번과 같은 빨간색입니다.

19. 16개
풀이 1개　4개　7개　10개
　　　+3　+3　+3
바둑돌이 3개씩 늘어나는 규칙입니다.
(다섯째 번)=10+3=13(개)
(여섯째 번)=13+3=16(개)

20. 35
풀이 43부터 거꾸로 1씩 8번 건너 뛴 수와 같으므로 35입니다.